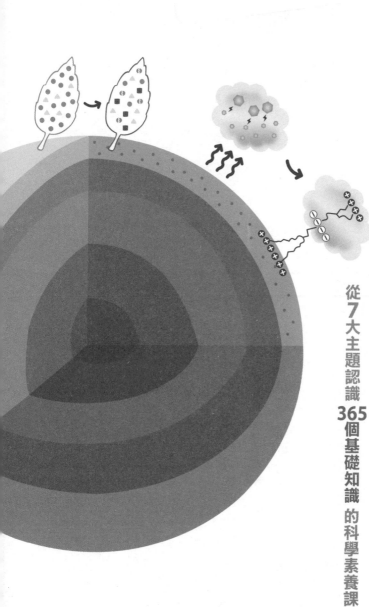

一 日 一 頁

圖解

生 活 科 學

從7大主題認識 **365**個基礎知識 的科學素養課

日本御茶水女子大學
理學部生物學科教授
千葉和義 監修

林詠純 譯

前言

　　本書的 1 月 1 日，介紹的是烤麻糬的時候，麻糬會像吹氣一樣鼓起來的現象。為什麼麻糬會鼓起來呢？難道是因為麻糬不想被吃掉，所以變得氣鼓鼓嗎？

　　科學界稱這種可能的答案為「假說」。假說非常重要，有了假說之後，才能致力於解決原本的疑問。在上述了例子中，可以想到「來問問麻糬的心情」之類的活動方針。那麼，該怎麼做才能建立看起來更可靠的假說，譬如「可能是水蒸氣在往外推」呢？在學校上自然課、從事培養理化常識的活動等，就能發揮作用。

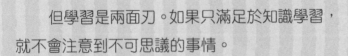

　　但學習是兩面刃。如果只滿足於知識學習，就不會注意到不可思議的事情。

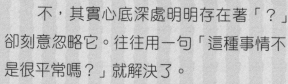

　不，其實心底深處明明存在著「？」卻刻意忽略它。往往用一句「這種事情不是很平常嗎？」就解決了。

　那麼，該怎麼做才對呢？

　為了找出答案，我們或許可以參考過去偉人的名言。這裡想要介紹了是哲學家兼數學家皮爾斯。皮爾斯說「建立假說之前，必須先有驚訝」。因為對於沒什麼好驚訝的事實，就沒有建立假說的必要。既然如此，擁有、培養懂得驚訝的自己，才是最重要的不是嗎？驚訝誕生於每個人的心中，誕生於個人的興趣與嗜好（思考、志向）。希望大家務必擁有能將這種驚訝撈取出來的「勇氣」。

科學＆教育中心
千葉和義

這本書的使用方式

本書會在 1 月 1 日到 12 月 31 日，每天回答一個科學的疑問。為了說明會使用許多插圖，理解起來更容易。確實將說明記起來，跟身邊的人露一手吧！

主題

食物
解說隱藏在食物或料理中的科學力量。

生物
揭開動物、昆蟲、植物等的謎團。

宇宙・地球
介紹星系、銀河、地震與大氣等。

身體
回答關於大腦、血液、骨骼等的問題。

自然
聊聊風、雷、颱風等身邊的現象。

物品的原理
關於熨斗、冰箱等身邊物品的原理。

發明
介紹發明家、科學家與發現的法則等。

記錄閱讀的日期！

一天提出一則關於周遭事物的問題。

簡單地整理、回答問題。有時候也會出題目喔！

有點困難的內容，就用插圖來說明。

介紹3個關於本頁主題的重點。

目次

📅 **2月**

3月

1月

1月 1日

食物

麻糬為什麼會鼓起來？

麻糬會鼓起來，跟兩種現象有關喔！

解決疑問！

水蒸氣將麻糬從內部往外推，所以會鼓起來。

這就是秘密！

①老化澱粉形成硬梆梆的麻糬

麻糬的原料是糯米，糯米中含有許多澱粉。硬梆梆的麻糬所含的澱粉，是被稱為「老化澱粉」的硬梆梆澱粉。

②老化澱粉加熱後產生變化

老化澱粉經過加熱，譬如烤過或蒸過後，就會變成柔軟的「糊化澱粉」，所以烤過或蒸過的麻糬就會變得Q軟。

③水蒸氣從麻糬內部往外推

水分蒸發變成水蒸氣後，體積會變大。麻糬中的水分，也在烤麻糬的過程中變成水蒸氣，體積因此而膨脹。於是，體積膨脹的水蒸氣，從變軟的麻糬內部往外推，就讓麻糬鼓了起來。

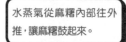
水蒸氣從麻糬內部往外推，讓麻糬鼓起來。

麻糬鼓起來

水蒸氣從內部往外推

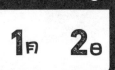

植物只澆水就能長大嗎？

？ 動動腦

你有想過花朵與蔬菜種在什麼樣的地方嗎？

❶只澆水就能長大

❷除了水之外，還需要其他東西

❸有些種類只澆水就能長大，有些不行

➡ 答案 **2** 植物成長還需要二氧化碳

🔍 這就是秘密！

施肥也是為了給予植物只靠光合作用無法滿足的養分。

①植物能夠自行製造養分

不管是植物還是動物，任何生物活下去都需要養分。動物從食物中攝取養分，植物則使用光的能量，自己製造養分。

②光合作用需要水與二氧化碳

植物利用太陽光，將從土壤中吸收的水與從空氣中吸收的二氧化碳，製成氧氣與澱粉之類的養分。這樣的作用稱為光合作用。

③還需要氮與磷酸等的物質

植物除了光合作用製造的養分之外，還需從土壤中吸收氮、磷酸、鉀之類的成分。因此栽培植物除了水之外，也需要各種物質。

宇宙‧地球

1月 3日

宇宙是怎麼形成的？

> 從一個小小的點膨脹到這麼大，真是難以想像……

解決疑問！

宇宙從一個小小的點膨脹而成。

這就是秘密！

①最有力的膨脹理論

我們直到今天都還不清楚宇宙誕生的詳細經過。現在認為最有力的說法，就是宇宙膨脹理論。

②宇宙從什麼都沒有的點誕生

根據這個理論，距今138億年前，從沒有時間也沒有空間的場所誕生了一個小小的點，這個點突然膨脹，形成了宇宙。「膨脹」就是「擴大、增長」的意思。

③大霹靂之後仍持續膨脹

瞬間膨脹的宇宙，形成像是高溫火球的狀態，稱為「大霹靂」。後來，在更加膨脹的宇宙中，誕生了形成物質的原子等等。根據觀測，宇宙現在仍持續膨脹中。

恆星、銀河在宇宙膨脹中誕生

10萬年　3億年　8萬年　現在

宇宙誕生

元素誕生　　恆星誕生　　銀河誕生

人在水裡能夠閉氣多久？

 動動腦

睡著的時候，也能在腦的控制下呼吸喔！

❶世界紀錄約24分鐘
❷世界紀錄約1小時
❸世界紀錄約3小時

➡ 答案 ❶ 一般人只能閉氣數十秒到數分鐘

 這就是秘密！

氧氣與養分對於在身體中製造能量不可或缺。

①呼吸能夠製造能量

我們一直都靠著鼻子與嘴巴吸氣、吐氣，把空氣中的氧氣吸進來，在身體中製造能量。這樣的作用就稱為呼吸。

②一般人只能閉氣數十秒到數分鐘

人類如果不呼吸，就會因為無法製造能量而死去。用來呼吸的肺功能因人而異，因此能夠閉氣的時間也不一樣。一般人只能閉氣數十秒到數分鐘。

③世界紀錄為24分鐘以上！

但是閉氣的時間能夠隨著訓練而拉長。2015年，一名西班牙男性創下閉氣時間的世界紀錄，時間為24分3秒。

1月 5日

自然

為什麼用墊板摩擦能使頭髮豎起來？

解決疑問！

冬天摸門把時的觸電感也是靜電。

摩擦產生靜電，使墊板與頭髮互相吸引。

這就是秘密！

① 物質由帶電的粒子組成

物質由名為原子（→P312）的微小粒子組成。而原子又由帶正電的原子核，與帶負電的電子組成。

② 物品彼此摩擦就會產生靜電

兩個物品彼此摩擦，有時會讓電子離開原子，往其中一個物品集中。失去電子的物體帶正電，電子集中的物體則帶負電。這樣的電稱為靜電。

③ 正電與負電互相吸引

彼此摩擦就會產生相反性質的電

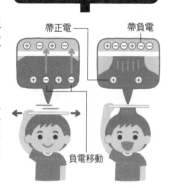
帶正電　　　帶負電
負電移動

用墊板摩擦頭髮就會產生靜電，頭髮帶正電，墊板帶負電。正電與負電互相吸引，帶電的墊板與頭髮也會互相吸引，所以頭髮就豎起來了。

1月 6日

口罩可以擋住哪些東西？

動動腦

病毒的大小只有1萬分之1mm左右喔！

❶可以擋住任何東西

❷最小可擋住約1mm的東西

❸最小可擋住約1mm的1000分之1的東西

➡ 答案 ❸ 比這更小的病毒等就不太擋得住

這就是秘密！

醫療口罩的效果特別好

①口罩能夠防止有害物質進出

口罩是一種藉由遮住口鼻，防止對身體有害的
物質進入，或是避免咳嗽與噴嚏的飛沫噴到別
人身上的工具。

②口罩能夠阻擋1000分之1mm的粒子出入

一般口罩最小可阻擋約1000分之1mm的粒子
出入。所以能夠在一定程度上隔絕約30分之1mm的杉樹花粉，或是約
1000分之1mm的細菌等等。

③口罩能夠將病毒阻隔在裡面

另一方面，引起感冒的病毒，大小只有1萬分之1mm左右，所以一般口
罩無法阻擋。但病毒多半存在咳嗽或噴嚏的飛沫內，所以口罩也能在
一定程度上阻隔。

1月 7日

發明

阿基米德

他是活躍在數學、物理學、工程學等各方面的天才。

？ 他是誰？

他發現了浮力原理與槓桿原理喔！

 原來這麼厲害！

皇冠排出更多的水，由此可知皇冠使用了不純的黃金增加體積。

①精通槓桿原理

西元前3世紀左右出生的阿基米德，在義大利的西西里島為國王工作，從事各種研究。據說他精通槓桿原理（→P44），曾使用滑車將一般軍艦拖到陸地上。

②發現浮力原理

據說國王委託他確認皇冠使用的黃金的純度，讓他發現了「流體（液體或氣體）中的物體承受了浮力，而浮力大小等於這個物體所排開的流體重量」，這個原理也被稱為阿基米德原理。

同等重量的黃金　　黃金製成的皇冠

水沒有滿出來　　水滿出來
→體積較大

③阿基米德也具有技術人員的天賦

他也是活躍的技術人員，製作了各種實用器具，譬如運用槓桿原理的滑輪、螺旋形狀的抽水用揚水器等。

1月 8日

哪種食物的卡路里最高？

動動腦

❶碳水化合物多的食物

❷蛋白質多的食物

❸脂質多的食物

➡ 答案 **3** 脂質的卡路里比碳水化合物及蛋白質更高

換句話說就是加了許多奶油或鮮奶油的食物喔！

這就是秘密！

①卡路里代表熱量的多寡

卡路里是顯示熱量多寡的單位。食物的卡路里，指的是吃下這種食物可以獲得多少熱量。

②主要營養素有3種

食物主要含有碳水化合物、蛋白質、脂質這3種營養素，主要能夠轉換成熱量的是碳水化合物與脂質，只有在缺乏這兩者的時候才會使用蛋白質。

③脂質的熱量最高

脂質含有碳水化合物2倍的熱量。蛋糕與甜甜圈等甜食，不只含有脂質，也含有許多屬於碳水化合物的砂糖，因此是卡路里特別高的食物。

食物中所含的維生素與鈣質，無法轉換成熱量。

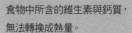

1月 9日

生物

生命是如何誕生的？

 解決疑問！

人類追本溯源，也是像細菌一樣的生物呢！

海中的胺基酸等，生成了最早的生物。

🔍 這就是秘密！

單純的生物緩慢地演化成複雜的生物。

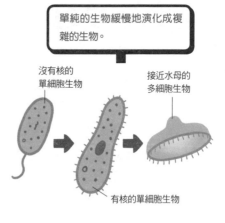

沒有核的
單細胞生物

接近水母的
多細胞生物

有核的單細胞生物

①地球冷卻之後形成海洋

地球在距今約46億年前形成。剛形成的地球，是火山活動活躍的灼熱星體，後來大氣中的水蒸氣變成雨水落下，形成了海洋。

②生命在海洋中誕生

海水中的胺基酸與核酸等，因為光與熱等產生變化，生成了接近細菌的生物。擁有細胞核的單細胞生物，也在大約20億年前登場。

③從海中來到陸地

原始地球受到紫外線照射，生物難以在陸地的環境中生存。植物在大約4億年前上路後，大氣中的氧氣增加，抑制了紫外線，於是動物也來到陸地了。

1月 10日

星體為什麼是圓形？

 **動動腦**

❶因為星體透過引力形成

❷因為星體透過摩擦力形成

❸因為星體透過槓桿原理形成

➡ 答案 ❶ 朝著中心的引力，
將形成星體的物質聚集成圓形。

氣體與塵埃邊旋轉邊聚集，最後形成了星體！

這就是秘密！

所以中心先形成，後來塵埃才附著在周圍。

①透過引力形成的星體

宇宙中的星體形形色色，有些由岩石形成，有些由氣體形成。多數星體是由漂浮在宇宙空間中的氣體與塵埃，透過引力（→P85）聚集而誕生。

②星體透過引力吸引氣體與塵埃而成長

物體越重，引力就越大。所以引力因為氣體與塵埃的聚集而變大，吸引更多的氣體與塵埃。星體就這樣逐漸成長。

③隨著成長而變圓

引力的作用方向朝著星體的中心，因此氣體與塵埃被往中心吸引，均勻地在星體周圍層層堆積，於是星體就隨著成長而逐漸變圓。

1月 11日

身體

為什麼跑步會喘？

💡 **解決疑問！**

如果太喘就會變成過度呼吸

運動需要大量氧氣，因此呼吸會變得急促。

🔍 **這就是秘密！**

為了產生運動的能量，需要大量氧氣。

①呼吸是為了吸收氧氣

我們隨時都在呼吸，利用吸收的氧氣製造能量。進入肺部的氧氣被送到心臟，從心臟流往全身。

②跑步需要大量氧氣，因此會氣喘吁吁

跑跑跳跳的時候需要比平常更多的能量，因此也需要大量氧氣。當血液中的氧氣減少，呼吸就會變得困難，所以呼吸的次數也會增加。

③運動也會導致心跳加速

肺部活躍地運作

運送氧氣

消耗能量

運動的時候，也需要將血液中所含的氧氣送到全身。因此負責運送血液的心臟就會加速跳動，導致心臟怦怦跳。

為什麼跳台滑雪能夠從高處著陸？

動動腦

著陸的時候隱藏著秘密。

❶因為身體與滑雪板裝了翅膀

❷因為跳躍的角度接近著陸的地面角度

❸因為選手們接受了從高處著陸也不會受傷的訓練

➡ 答案 ❷ 兩者的角度愈接近，
就愈能夠減少著陸的衝擊。

這就是秘密！

著陸後也繼續滑行，能將著陸的
衝擊轉換成前進的動力。

①甚至可以飛躍180m以上

跳台滑雪是穿上滑雪板從跳台躍起，比賽飛躍
距離的競技。比賽根據距離分成好幾種項目，
最長甚至可以飛躍180m以上。

②跳躍的角度接近著陸的斜面角度

從跳台躍出的選手，朝著斜下方飛躍。著陸的
斜面角度，設計成接近選手跳躍的角度。

③著陸後也繼續滑行，因此能夠減少衝擊

選手著陸後也不會停在那裡，而是會在斜面上繼續滑行，因此能夠減
少著陸時的衝擊。因為衝擊很小，所以跳台滑雪的選手一般而言不會
受傷。

物品的原理

1月 13日

為什麼放大鏡能夠放大東西？

解決疑問！

不能拿放大鏡看太陽喔！

放大鏡是中央隆起的凸透鏡，能將光線彎曲。

這就是秘密！

①放大鏡是凸透鏡

玻璃具有折射光線的作用，透鏡就利用這樣的作用製成。放大鏡使用的是中央隆起的凸透鏡。

②遠處的東西看起來會顛倒

凸透鏡能將平行的東西聚焦在一個點上，這個點被稱為焦點。如果物

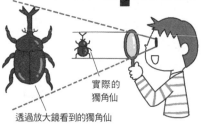

使用放大鏡，成像看起來會比實物大。

實際的獨角仙

透過放大鏡看到的獨角仙

體的位置比焦點更遠，成像看起來就會顛倒，這個像稱為實像。我們看見的成像大小，會隨著物體與放大鏡的位置關係而改變。

③近處的東西看起來較大

另一方面，比焦點更近的物體，成像則位在實物的同一側，這個像稱為虛像，看起來比實物還要大。拿放大鏡看近處時，看到的是虛像，因此物體看起來會放大。

尼古拉・哥白尼

? 他是誰?

提倡不同於常識的學說，真是相當有勇氣呢！

他推翻過去眾人相信的天動說，提倡地動說。

原來這麼厲害！

大家長久以來都相信以自己居住的地球為中心的概念。

①邊從事祭司的工作邊研究星體

哥白尼出生於波蘭的托倫。他邊從事天主教祭司的工作，邊持續研究天文學。後來開始提倡地球繞著太陽轉的地動說。

②當時的常識是天動說

在此之前，歐洲一般相信在西元2世紀，由克勞狄烏斯・托勒密所歸納出的天動說，這是太陽繞著地球轉的學說，因此地動說很難被接受。

③地動說的正確性後來得到證實

哥白尼的地動說，透過他死後出版的書被廣為發表。後來伽利略（→P38）等人證明了地動說的正確性。

1月

食物

1月 15日

閱讀日期　　　月　　日

為什麼切洋蔥會流淚？

解決疑問！

蔥與大蒜的辣味中，也含有和洋蔥相同的成分。

洋蔥當中所含的成分會刺激眼睛。

這就是秘密！

①辣味來自硫化物

洋蔥的細胞中含有硫化物，這個成分是辣味的來源。吃生洋蔥的時候會覺得辣，就是因為硫化物。

②流淚的原因也是硫化物

切洋蔥的時候會流淚，也是因為硫化物。切洋蔥會破壞洋蔥的細胞，使硫化物釋放到空氣中。如果硫化物進入眼睛或鼻子，就會刺激黏膜，流出眼淚。

切洋蔥就會將刺激淚水的成分釋放到空氣中。

買的時候不會流淚

切的時候會流淚

刺激成分

③先泡水或冷藏就比較不容易流淚

硫化物容易溶進水裡，如果溫度低也比較不容易釋放到空氣中，因此先將洋蔥泡水或冷藏，就比較不容易流淚。硫化物也怕熱，所以加熱也有效。

為什麼狗會汪汪叫？

 動動腦

❶因為狗透過吠叫呼吸

❷因為狗繼承了祖先的習性

❸因為狗的身體裡面裝有喇叭

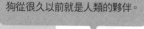
狗從很久以前就是人類的夥伴。

➡ 答案 ❷ 狗的祖先是狼，繼承了祖先的習性。

  這就是秘密！

我們聽來都是「汪汪汪」，
但也有各種意義呢！

①狼透過吠叫溝通

狗是從狼演化出的生物。而狼是一種群居性的
動物，透過吠叫與周圍的同伴溝通，或是展現
自己的情緒。

②狗演變成經常吠叫

至於狗則不會成群結隊，長久以來都與人類一
起生活。因此牠們為了與人類溝通、或是保護飼主，演變出更頻繁吠
叫的習性。

③在各種時候吠叫的狗

狗會在各種情況下吠叫，譬如通知飼主有危險、威嚇可疑人物、或是
表達憤怒等等。有些飼主聽久了，似乎可以憑著吠叫的聲音，判斷出
狗發生了什麼事情。

1月 17日

為什麼物體在太空站會飄浮？

？ 動動腦

❶因為太空船裡充滿了水

❷因為引力與離心力的作用

❸因為太空人有超能力

➡ 答案 ❷ 地球的引力與太空站的離心力抵銷，使物體飄浮。

「無重力」好像不是正確的解釋……

🔍 這就是秘密！

水之類的液體，也會變成圓球在太空船中飄浮喔。

①我們被重力拉著

引力（→P85）與地球像陀螺一樣自轉產生的離心力（→P163），組合而成重力在地球上作用。我們之所以能夠站在地面上，就是因為地球的重力將我們拉往下方。

②距離越遠引力越小

距離地球越遠，引力越小。當太空船遠離地球，引力就會幾乎消失，因此物體就會在太空船裡飄浮。

③離心力與引力互相抵銷

相較之下，與地球的距離比太空船更近的太空站之所以不會往地球墜落，則是因為繞著地球轉的離心力將引力抵銷，就像是引力沒有發揮作用的狀態一樣，因此物體會飄浮。

1月 18日

指甲與頭髮為什麼剪了之後還是會長？

解決疑問！

很多動物的角，也是由皮膚變化而來的喔！

指甲與毛髮由皮膚變化而來，所以會不斷地更新。

這就是秘密！

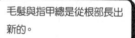
毛髮與指甲總是從根部長出新的。

①指甲與毛髮都是由皮膚變化而來

指甲與毛髮都是由皮膚變化而來的器官。形成毛髮的目的是為了保護皮膚避免寒冷與危險，指甲則是為了保護指尖，以及牢牢抓住東西。

②因為原本是皮膚，所以會更新

皮膚會不斷地從內側更新，至於表面變舊的部分，則成為體垢剝落。指甲與毛髮由皮膚變化而來，所以和皮膚一樣會從內側更新，不斷地生長。

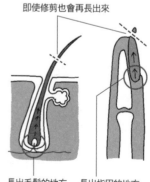
即使修剪也會再長出來

長出毛髮的地方　　長出指甲的地方

③指甲與毛髮不會消失

指甲與毛髮即使修剪也不會消失。據說手指甲的生長速度約1個月3mm，腳趾甲的生長速度約1.5mm，至於頭髮的生長速度則約1個月1cm。

自然

1月 19日

裝在杯子裡的水為什麼會自然減少？

如果水不會蒸發，那下雨之後就糟了。

解決疑問！

水會逐漸蒸發，變成水蒸氣逸散到空氣中。

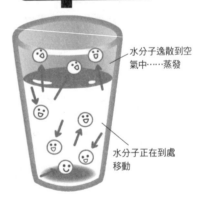

這就是秘密！

①水加熱就會蒸發

水由水分子（→P127）形成。溫度越高，分子的活動就越活躍，所以把水加熱，分子就會逸散到空氣中變成水蒸氣，水的量就會逐漸減少。

②杯子裡的水也會自然蒸發

水分子即使不加熱也會稍微活動，逸散到空氣中。所以裝在杯子裡的水會自然減少，逐漸消失。液體變成氣體就像水變成水蒸氣，稱為蒸發。

③水窪裡的水、濕衣服的水都會蒸發

水窪過一陣子就會消失、洗好的溼衣服能夠晾乾，也是因為水分逐漸蒸發的緣故。

到處移動的水分子，從水面逸散到空氣中。

水分子逸散到空氣中……蒸發

水分子正在到處移動

乾冰的煙霧是什麼？

動動腦

❶氧氣

❷二氧化碳

❸水

大家知道把乾冰放進水裡，煙霧的量會增加嗎？

➡ 答案 ❸ 空氣中的水蒸氣冷卻後，所形成的水滴。

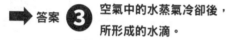
這就是秘密！

像二氧化碳這樣，從固體跳過液體直接變成氣體的過程，稱為「昇華」。

①二氧化碳凝固而成的乾冰

乾冰由二氧化碳形成。對二氧化碳施加高壓，二氧化碳就會變成液體，如果在這樣的狀態下突然減弱壓力，就會變成像雪一樣的顆粒。把這些顆粒壓縮成塊，就成為乾冰。

②乾冰逐漸昇華

二氧化碳在一般壓力下會變成氣體。因此乾冰不會成為液體，而是直接成為氣體逸散到空氣中。這樣的過程稱為昇華。

③白色煙霧的真面目是水

乾冰的溫度大約負80℃，所以會冷卻周圍的空氣，把水蒸氣變成水滴或冰粒。這些粒子看起來就像白色的煙霧。

1月 21日

發明

伽利略·伽利萊

 他是誰？

他也發現重量與掉落速度無關。

他以分析出鐘擺的性質、
支持地動說而聞名。

 原來這麼厲害！

不管擺動幅度大還小，來回一
次所需的時間都相同。

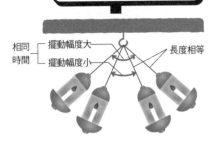

相同時間 ─ 擺動幅度大　擺動幅度小　　長度相等

①他用自製望遠鏡發現木星的衛星

伽利略是出生在義大利比薩的科學
家。他對天文學特別有興趣，使用
自己改良的望遠鏡，發現了木星的
衛星與太陽黑子。

②因為支持地動說而遭到審判

他根據望遠鏡觀察到的結果，支持
地球繞著太陽轉的地動說。當時的人普遍支持天動說，伽利略因此遭
到審判。後來他雖然被禁止提倡地動說，仍然持續進行各種研究直到
去世。

③透過觀察鐘擺運動而發現定律！？

此外，他觀察比薩大教堂的吊燈，發現長度相同的鐘擺，來回一次所
需的時間也相同，與擺動的幅度無關（鐘擺的等時性）。

1月 22日

剉冰與冰淇淋，哪一種比較冰？

 動動腦

❶剉冰比較冰

❷冰淇淋比較冰

❸兩種一樣冰

雖然吃的時候覺得剉冰比較冰……？

 答案 **2** 冰淇淋比較不容易結凍，溫度比較低。

這就是秘密！

不只溫度不同，材料給人的溫度感受也不同呢！

①剉冰的冰只有負幾度

雖然剉冰的冰由水凝固製成，但水凝固的溫度是0℃。因此剉冰用的冰，溫度只比0℃稍微低一點。

②冰淇淋大約負10℃左右

至於冰淇淋則含有乳脂肪等脂肪與砂糖，因此不冷卻到負10℃左右就無法凝固。所以冰淇淋的保存溫度，通常比剉冰的冰更低。

③冰淇淋比較不容易導熱！？

冰淇淋中也含有大量氣泡。脂肪的顆粒與氣泡不容易導熱，所以冰淇淋放進口中時比較不會覺得冰。

1月 23日

生物

超市賣的雞蛋不會孵出小雞嗎？

動動腦

❶ 有時候會，有時候不會
❷ 會
❸ 不會

不如實際孵看看？

➡ 答案 **3** 超市的雞蛋，不含有能夠孵出小雞的元素。

這就是秘密！

未受精卵即使加溫也只會壞掉，不會發生任何變化。

①能夠孵出小雞的受精卵

公雞與母雞交配後生下的蛋能夠變成小雞。這些雞蛋裡面含有能夠孵出小雞的元素，稱為受精卵。

②不能孵出小雞的未受精卵

至於超市販賣的雞蛋，未經過交配，只靠母雞生下。這種雞蛋稱為未受精卵，裡面不含有能夠孵出小雞的元素。所以超市的蛋即使加溫，也無法孵出小雞。

③可能會孵出雛鳥的鵪鶉蛋

至於鵪鶉很難區分公母，即使只想聚集母鵪鶉，也可能混入公鵪鶉。因此超市販賣的鵪鶉蛋，加溫之後可能會孵出雛鳥。

閱讀日期　　　月　　　日

1月 24日

南極與北極，哪邊比較冷？

南極觀測到的最低氣溫，竟然有-89.2℃，真嚇人！

南極海拔高，又是陸地，所以南極比較冷。

 這就是秘密！

陸地多的南極與幾乎都是大海的北極，海拔完全不一樣。

①陸地比較容易冷卻

北極的中心是名為「北極海」的大海，南極則是名為「南極大陸」的陸地。海洋比陸地不容易冷卻，所以南極大陸比北極海更冷。南極在冬天的平均氣溫大約是負50℃，北極則大約是負25℃。

平均海拔　約2500m

平均海拔　約10m

南極（大部分是陸地）

北極（大部分是海）

②南極越往內陸越冷

陸地比海洋容易冷卻，所以在南極大陸中也有溫差。一般來說，沿岸的氣溫較高，越接近南極點的內陸越低。

③冰層的厚度也不一樣

北極與南極的冰層厚度也不一樣。漂浮在北極的冰層厚度約10m，但南極則覆蓋著一層平均約2000m以上的厚冰，再加上海拔也高，所以更冷。

1月 25日

人為什麼會感冒？

 動動腦

❶因為體內的病毒增加

❷因為病毒刺進體內

❸因為病毒在體內爆炸

小小的病毒要怎麼影響人類呢？

➡ 答案 **1** 當身體虛弱時，病毒就會在體內增加。

這就是秘密！

①感冒的原因是病毒

感冒的主要原因是懸浮在空氣中的病毒。據說引起感冒的病毒有鼻病毒與冠狀病毒等，多達200種以上。

製作藥物很困難，所以規律生活、避免感冒才是最好的良方。

②身體虛弱時就會出現症狀

病毒隨時都會進入體內，不過在身體健康時立刻就能清除。但如果因為疲倦與壓力導致身體變得虛弱，病毒就會增加，人就會感冒。

③治好感冒的藥物不存在！？

清除病毒、治好感冒的藥物並不存在。感冒藥是退燒、止咳的藥物。感冒的時候，只能靠藥物減輕症狀，等待體力恢復、症狀平息。

1月 26日

為什麼腳泡在浴缸裡會看起來比較短？

眼鏡之類的物品也運用了這個原理呢！

解決疑問！

光在水與空氣的交界處折射，所以腳看起來會比較短。

這就是秘密！

①光會折射

光線具有在不同物質的交界處會轉彎的性質，稱為光的折射。當光線從水中進入到空氣中時，就會往靠近水面的方向折射。

②所以在較淺的地方看見10元硬幣

把水倒進裝著10元硬幣的碗公，試著從斜上方看。來自10元硬幣的光，從水中進入到空氣中時發生折射，所以10元硬幣所在的位置看起來比實際上淺。

因為光的折射，所以看到的位置和實際上不同

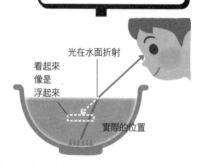

光在水面折射

看起來像是浮起來

實際的位置

③腳泡在浴缸裡看起來會變短，也是因為光的折射

在浴缸裡看見的腳，同樣發生光的折射，所以看起來會變短。同樣的道理，水池、大海或游泳池等看起來很淺，但有時候也會深到腳踩不到底的程度。

1月 27日

物品的原理

為什麼開瓶器能夠打開酒瓶？

💡 **解決疑問！**

剪刀與易開罐拉環也運用了槓桿原理

開瓶器運用的是能夠放大力量的槓桿原理。

🔍 **這就是秘密！**

① 槓桿有3個點

槓桿是能夠以1個點為支撐，把力量放大的工具。而槓桿有3個點，分別是支點（支撐槓桿的點），施力點（施加力量的點），受力點（力量作用的點）。

利用槓桿原理，對瓶蓋施加放大的力量

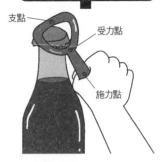

支點

受力點

施力點

② 槓桿用小小的力量就能移動沉重的東西

當槓桿的支點與施力點的距離，比支點與受力點的距離長時，即使支點的作用力小，也能給予受力點比這更大的力。所以用小小的力量，就能移動沉重的東西。

③ 用小小的力量打開堅固瓶蓋的開瓶器

開瓶器利用的就是槓桿原理。開瓶器的前端是支點，開瓶的部分是受力點，柄的部分則是施力點，所以能夠打開堅固的瓶蓋。

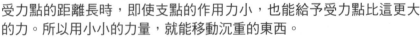

1月 28日

發明

閱讀日期　　　月　　日

約翰尼斯‧克卜勒

？ 他是誰？

他發現了關於行星運動的克卜勒定律。

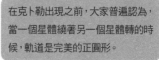

克卜勒定律增加了地動說的說服力。

原來這麼厲害！

在克卜勒出現之前，大家普遍認為，當一個星體繞著另一個星體轉的時候，軌道是完美的正圓形。

①發現克卜勒定律

克卜勒出生於現在的德國。他是天文學家第谷‧布拉赫的助手，在布拉赫死後分析觀測資料，不久之後發表了克卜勒定律。

②克卜勒定律支持地動說

克卜勒定律的內容包括，假設行星繞著太陽轉的軌道是橢圓形，越接近太陽，行星的速度就會越快等。這個想法對於地動說（→P31）的說明帶來很大的幫助。

③科學因克卜勒定律而進一步發展

克卜勒定律顯示，太陽具有引力，據說牛頓（→P77）就根據克卜勒定律，發現了萬有引力定律。

45

1月 29日

食物

為什麼壽司裡要放山葵？

？ 動動腦

山葵也具有嗆辣提味的作用喔！

❶為了避免吃壞肚子

❷為了避免小孩子吃太多

❸為了避免攝取太多鹽分

➡ 答案 **①** 壽司靠著山葵成分中的抗菌作用，避免細菌增加。

🔍 這就是秘密！

聽說江戶時代的握壽司，尺寸比手掌還大呢！

①辣味的秘密來自兩種成分

山葵含有黑芥酸鉀與黑芥子酶，這兩種成分產生山葵的辣味。

②具有抗菌作用的辣味成分

研磨山葵時，黑芥子酶發揮作用，使黑芥酸鉀轉變為異硫氰酸烯丙酯，這就是山葵的辣味成分，同時也具有使細菌不易增長的抗菌作用。

③壽司放山葵是為了避免吃壞肚子

使用生魚捏成的握壽司誕生於江戶時代。當時還沒有冰箱，但生魚非常容易腐敗，於是人們開始在壽司裡放入已知具有抗菌作用的山葵。

為什麼雞或鴨不會飛？

 解決疑問！

如果雞會飛，應該很難飼養吧？

雞與鴨經過品種改良，變得不會飛了。

這就是秘密！

被人類飼養，就不需要擔心外敵與食物。

①雞與鴨的祖先能夠飛上天

人類為了食用、採集羽毛而馴養野生鳥類，誕生了雞與鴨。所以 不管是雞還是鴨，祖先都是能夠飛上天的鳥類。

即使不會飛，也不會遭到外敵侵襲

吃很多飼料，體重增加

②經過品種改良，變得不會飛了

不過，對人類而言，不會飛就不用擔心逃脫，比較容易飼養。所以雞鴨反覆經過品種改良，體重增加、拍動翅膀的肌肉變弱，於是就變得不會飛了。

③自然界也有不會飛的鳥

自然界也有鴕鳥與企鵝等不會飛的鳥，但鴕鳥能夠快速奔跑，企鵝擅長游泳。這些鳥都具備飛行以外的優異身體能力，所以能夠在野外存活下來。

1月 31日

宇宙・地球

閱讀日期　　月　日

溫泉為什麼有益健康？

動動腦

❶其實溫泉完全沒有對身體好的效果

❷因為溫泉溶出了猴子的精華

❸因為溫泉含有對身體好的成分

不同成分的溫泉有不同的稱呼，像是碳酸泉或硫磺泉等。

➡ 答案 **3** 溫泉的熱水裡含有各式各樣的成分。

這就是秘密！

①在地底被加熱的溫泉

溫泉的熱水，由火山等熱源加熱地下水形成。這些熱水湧出地面，或是從地底被抽上來而成為溫泉。

②各種成分溶進溫泉的熱水裡

二氧化碳、鐵、硫磺等各種成分溶進溫泉的熱水裡。這些成分當中，有的能對身體帶來良好的效果。所以大家都說溫泉有益健康。

就全世界來看，有很多火山的國家也是溫泉特別多的地方喔！

③只不過是將自來水加熱的泡澡用熱水

至於普通泡澡用的熱水，只是將自來水加熱而已。加熱的自來水，幾乎不含有純水以外的成分。所以一般認為，相較於溫泉，對身體的影響比較少。

2月

身體

2月　1日

為什麼感冒會發燒咳嗽？

解決疑問！

免疫力對病毒發揮作用，所以會發燒咳嗽。

這就是秘密！

① 感冒是病毒造成的

病毒幾乎是所有感冒的原因。病毒透過口鼻來到喉嚨深處，進入這個部分的細胞裡，逐漸增加數量。被病毒感染的細胞會狀態惡化或死亡。

② 提高體溫，打敗病毒

如果體溫升高，攻擊病毒的免疫細胞就能充分發揮作用。所以身體在感冒時就會想要透過升高體溫來消滅病毒。

③ 咳嗽是為了排出病毒的殘骸

進入體內的病毒被免疫細胞消滅，殘骸與黏液一起變成痰。咳嗽就是為了將這些物質排出體外。

感冒症狀是為了打敗病毒

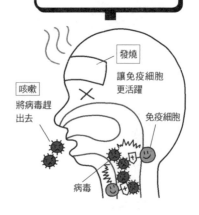

發燒
讓免疫細胞更活躍

咳嗽
將病毒趕出去

免疫細胞

病毒

2月 2日 自然

水沸騰之後為什麼會變少？

？ 動動腦

❶因為滲入容器裡

❷因為體積變小

❸因為逸散到空氣中

> 水蒸氣不是氣體，而是懸浮在空氣中的水。

➡ 答案 **3** 水沸騰之後就變成水蒸氣，逸散到空氣中。

🔍 這就是秘密！

> 沸騰時咕嚕咕嚕的泡泡就是水蒸氣喔！

①水是液體

從水龍頭流出的水、我們所喝的水，是水分子（→P127）聚集，自由移動的狀態。像水這種能夠自由改變形狀的狀態，稱為液體。

②加熱會逐漸變成水蒸氣

把水加熱，水分子的活動會變得劇烈。於是水分子逐漸無法聚集，逸散到空氣中。像這種沒有固定形狀與大小的狀態稱為氣體，而水的氣體就稱為水蒸氣。

③沸騰的水逐漸變成水蒸氣，量於是變少

當水溫升高到100℃時，就會從液體變成氣體。所以當水逐漸加熱到100℃，就會沸騰變成水蒸氣，逸散到空氣中，於是水量就會減少。

物品的原理

閱讀日期　　　月　日

2月 3日

肥皂為什麼能夠洗淨汙垢？

解決疑問！

其實使汙垢消失是不可能的喔！

因為「界面活性劑」這種成分能夠包覆汙垢。

這就是祕密！

界面活性劑包覆油汙，從纖維上剝落

①容易與油、水結合的界面活性劑

肥皂中含有一種名為「界面活性劑」的物質。這種物質具有親油基（容易與油結合的部分）與親水基（容易與水結合的部分）。

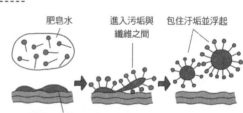

肥皂水　　　進入污垢與　　包住汙垢並浮起
　　　　　　纖維之間

附著在纖維上的汙垢

②界面活性劑包覆汙垢

沾附在水與衣服上的污垢多半是油分。用肥皂洗東西時，界面活性劑的親油基就會與油結合，將油包覆起來，親水基則與水結合並浮起，於是污垢就從手上或衣服上剝落。

③界面活性劑的真面目是脂肪酸鹽

肥皂由氫氧化鈉與油等材料混和製成，這時會形成一種叫做「脂肪酸鹽」的物質。而脂肪酸鹽，就是界面活性劑的真面目。

發明

布萊茲・帕斯卡

雖然從年輕時就嶄露頭角，但39歲就去世了。

他是誰？

他發現了關於液體壓力的帕斯卡定律。

原來這麼厲害！

天氣預報在說明氣壓的時候，會使用hPa（百帕）。

①16歲時就展現數學能力

帕斯卡出生於法國的克萊蒙，從小就擅長數學，16歲時就發現了日後被稱為帕斯卡定理的重要數學定理。

②發現液體壓力的機制

此外，帕斯卡也發現了「對裝入液體的容器施加壓力，這些壓力就會均勻作用在容器的所有地方」的性質。這項性質被稱為帕斯卡原理，因為他的貢獻，Pa（帕斯卡）就成為壓力的單位。

③在哲學領域留下這樣的名言

帕斯卡在哲學的領域也留下各種想法。尤其「人類是會思考的蘆葦」這句話特別有名，指出思考對於渺小人類的重要性。

2月 5日

食物

嚼口香糖會胖嗎？

動動腦

❶會胖

❷幾乎不會胖

❸有些人會胖，有些人不會胖

➡ 答案 ❷ 口香糖的主成分是樹脂，幾乎不會成為養分

含糖的口香糖會造成蛀牙，要小心喔！

這就是秘密！

①樹脂加入砂糖等製成的口香糖

口香糖由原料來自植物液體的樹脂與人工製造的樹脂，加入香料及砂糖等調味料製成。

聽說就算把口香糖吞進去，也無法像其他食物那樣完全消化。

②樹脂不含養分

我們的胃腸無法消化佔了口香糖大部分的樹脂，因此口香糖無法化為養分，所以即使嚼口香糖也不會胖，不過，如果嚼的是含糖口香糖，就會吃進少許砂糖。

③口香糖的效用不是攝取營養

口香糖幾乎不含營養成分，但據說嚼口香糖能夠防止打瞌睡、提高專注力。很多口香糖也為了防止打瞌睡而添加刺激性成分。

2月 **6**日

企鵝不怕冷嗎？

企鵝可愛的體型，就是為了承受寒冷吧！

解決疑問！

企鵝的身體覆蓋著一層防寒的脂肪。

這就是秘密！

①主要住在南極附近的企鵝

企鵝是一種鳥類，只住在南半球。尤其氣溫會降到負數十℃的南極以及周邊的寒冷地帶，更是棲息著許多種類的企鵝。

②覆蓋著一層肥厚脂肪的身體

企鵝的身體覆蓋著一層肥厚的脂肪，即使在寒冷的地方也不容易失去體溫。此外，體內溫暖的血液流過的血管，與接觸冰層而降溫的血液回流的血管互相纏繞，使冰冷的血液變得溫暖，所以能夠保持全身的溫度。

③沒有天敵的南極很安全！？

南極周邊的海域，有豐富的魚類等食物，也沒有相當於企鵝天敵的動物居住。所以企鵝演化出耐寒的身體結構，在這裡棲息。

企鵝的身體演化成耐寒的結構。

覆蓋著一層肥厚的脂肪

血液往腳流動的血管，與從腳流回血液的血管互相纏繞

宇宙・地球

2月 7日

閱讀日期　　　月　　日

台灣晚上的時候，有國家是早上嗎？

💡 解決疑問！

在面積大的國家，東邊與西邊的時間也不一樣！

地球上早晨與夜晚的時間，會隨著地點而改變。

🔍 這就是秘密！

①太陽光照不到的地方就會變成晚上

地球是圓的，太陽光只能照到一邊。所以半邊地球因為照到太陽光而變得明亮，另外半邊的地球則因為照不到太陽光而變得黑暗。這就是白天與夜晚的真面目。

②地球的自轉使得白天與夜晚交互到來

地球每天都像陀螺一樣轉一圈。所以地球上的任何地方，1天當中都有半天能夠照到陽光，另外半天則照不到。

③位於地球另一邊的國家就會晝夜顛倒

半邊地球照得到陽光時，另外半邊就照不到陽光。

台灣：白天　　美國：晚上

太
陽
光

照得到光　　照不到光

台灣與美國彼此幾乎位在地球的兩邊。台灣逐漸照不到陽光的時候，美國將開始照到陽光，所以台灣晚上的時候，美國就會變成早上。

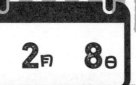

2月 **8**日

身體

眼睛為什麼會產生錯覺？

皮膚（觸覺）、鼻子（嗅覺）也會產生錯覺喔！

❓ 動動腦

❶因為進入眼睛的光有問題

❷因為幽靈跑進視野

❸因為大腦判斷錯誤

➡ 答案 **3** 眼睛產生錯覺是因為判斷看見的東西的大腦出了錯。

🔍 這就是秘密！

換句話說，大腦不一定能如實辨識映入眼簾的光景。

①看東西時同時使用眼睛與大腦

我們在看東西時，東西發出的光通過眼睛的水晶體，投射在眼睛深處的視網膜上。視網膜的細胞接收這些光，轉換成訊號送到大腦，我們才感覺到自己看見東西。

②腦會補充不足的資訊

腦會整理送來進來的訊號，有時候也會補充不足的資訊，試圖理解看見的東西。幫畫在紙面上的圓加陰影看起來就會變得立體，也是因為大腦判斷「有陰影的東西是立體的」。

③因為大腦錯亂而產生眼睛的錯覺

但大腦有時候會錯亂，譬如補充不需要的資訊、做出錯誤的判斷等，因此圖形與景色有時候看起來與實際上不同。眼睛的錯覺就這樣產生。

column 01

幾何錯覺

重要單字

知道這些就能懂！
3POINT

日常生活中也會發生錯覺。譬如搖晃鉛筆時，鉛筆看起來就會變軟吧？

❶ 長度與大小等形狀的錯覺稱為幾何錯覺

❷ 幾何錯覺從以前就被發現了

❸ 即使知道是錯覺，也無法避免

形狀的錯覺

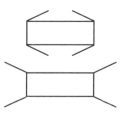

●慕勒－萊爾錯覺
雖然上下的橫線一樣長，但下面那條看起來比較長。

●偉特－馬沙羅錯覺
雖然兩個長方形大小相同，但上面的看起來水平線比較短，垂直線比較長。

●艾賓豪斯錯覺
被大圓包圍的圓看起來比較小，被小圓包圍的圓看起來比較大。

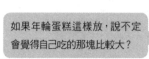

如果年輪蛋糕這樣放，說不定會覺得自己吃的那塊比較大？

●賈斯特羅錯覺
兩個圓弧中，擺在內側的看起來比較大。

明暗錯覺

●懷特效果
左右的灰色明明濃淡相同，但左邊看起來比較亮。

●赫曼方格錯覺
將黑色正方形整齊排列，白色的交叉點部分看起來就會變暗。

就算閉上眼睛也完全無效……錯覺真的很不可思議呢！

錯覺輪廓

顏色的濃淡一樣，也沒有線。白色的三角形真的存在嗎？

●卡尼薩三角形
三角形與黑色的圓上，看起來彷彿有一個白色的三角形。
圓也可以換成點。

本頁介紹的錯覺，只不過是許多錯覺中的一部分。如果有興趣就查查看吧！

自然

2月 9日

螺絲與鐵釘為什麼會變成褐色而且破破爛爛呢?

解決疑問!

如果想要防止生鏽,避開濕氣就行了。

鐵與空氣中的氧結合,變成褐色的鐵鏽。

這就是秘密!

鐵受到水的影響,與氧結合就會生鏽。

①鐵如果氧化就會生鏽,變得破破爛爛

物質與空氣中的氧結合稱為氧化。鐵製的鐵釘與螺絲,如果氧化就會變成被稱為氧化鐵或紅色鐵鏽的物質。一般而言,鐵類金屬如果變成紅色鐵鏽,就會變得易脆。

②鐵碰到水或鹽水就容易生鏽

鐵在乾燥的場所很難生鏽,但如果接近水池或海邊就容易生鏽。這是因為水或鹽水如果附著在鐵的表面,鐵的成分就會慢慢溶出並與氧結合。

③保護鐵製品的黑色鐵鏽

氧溶進水裡面

水

氧氣

氫氧化物離子

金屬離子

離子被水溶出,與氧結合

形成鐵鏽

不過,將鐵加熱所形成的黑色鐵鏽與紅色鐵鏽不同,能夠防止鐵繼續生鏽。這種黑色鐵鏽,也被使用在鐵製餐具上。

2月 10日

物品的原理

為什麼油性筆也能寫在玻璃上？

動動腦

❶因為墨水中含有油

❷因為墨水中含有酒精

❸因為墨水中含有水

➡ 答案 **2** 因為酒精比水更不容易化開

大家覺得油性筆那種特殊的味道，是從哪裡來的呢？

這就是祕密！

白板筆其實就是油性筆。只不過加入了容易擦去的成分。

①色彩的成分溶進水裡的水性筆

水性筆的墨水，是將色彩的成分溶進水裡製成的。所以只有吸水的物品，能將色彩的成分與水一起吸進去，也才能把字寫上去。

②色彩的成分溶進酒精等溶劑裡的油性筆

至於油性筆的墨水，則是將色彩的成分溶進酒精裡，與定色劑混和製成。定色劑能將色彩的成分牢牢固定在書寫的物品上。

③墨水擴散，靠著定色劑牢牢固定

酒精與水相比更不容易化開，所以使用油性筆在玻璃等表面上寫字時，墨水淡淡地擴散開，等到酒精乾掉，定色劑就發揮作用，將色彩的成分牢牢固定在玻璃上。

安東尼・范・雷文霍克

他是誰?

他自己製作顯微鏡，發現了許多微生物喔！

發現細菌是雷文霍克的功勞。

原來這麼厲害！

①為了確認布料而開發出顯微鏡

雷文霍克出生於現在的荷蘭代爾夫特，是一名織品商人，他為了確認布料的品質而製作簡單的顯微鏡，同時也進行科學觀察。

雷文霍克製造顯微鏡用鏡片的方法，到死為止都保密。

②顯微鏡的鏡片也自己製作

他自己研磨玻璃與水晶，製作顯微鏡的鏡片，總數多達約550片。使用這些鏡片的顯微鏡，倍率也高達約300倍。

③發現水中的微生物

雷文霍克在1674年透過顯微鏡發現水中有眼睛看不見的微小生物，這是全世界第一次發現微生物。而他在後來也有各種不同的發現，因此被稱為「微生物學之父」。

碳酸飲料為什麼會冒泡泡？

解決疑問！

氣泡刺刺的口感很棒呢！

二氧化碳釋出，變成氣泡冒出來。

這就是秘密！

二氧化碳因為高壓溶進液體裡

①氣泡的真面目是二氧化碳

喝碳酸飲料時刺刺的口感，是裡面的氣泡彈跳的感覺。氣泡的真面目是二氧化碳，把二氧化碳溶進液體裡的飲料就稱為碳酸飲料。

高壓

壓力下降

溶進液體

從液體中釋放出來

②利用高壓將二氧化碳溶進液體裡

壓力越高，二氧化碳越容易溶進液體。碳酸飲料透過施加強大的壓力，將大量的二氧化碳溶進水裡。

③打開瓶蓋，二氧化碳就恢復成氣體

裝入碳酸飲料的瓶子只要蓋緊瓶蓋，二氧化碳就會因為壓力，維持溶在液體中的狀態。但如果打開瓶蓋，壓力就會一口氣下降，無法繼續溶在液體中的二氧化碳就會釋放出來。

2月 13日

生物

為什麼貓咪不怕高？

解決疑問！

貓咪的祖先擅長爬樹，所以不怕高。

> 貓咪的身體依然記得自古以來的習性呢！

這就是秘密！

> 擅長爬樹的貓，即使從高處掉落也不怕。

①貓咪的祖先擅長爬樹

我們人類飼養的家貓，祖先是「非洲野貓」的同伴。非洲野貓為了在大自然中生存，具備快速奔跑、迅速爬樹的能力。

②保留野貓習性的家貓

家貓是非洲野貓的子孫，仍然保留野生時的習性，所以不怕高。待在家裡的家貓，多數的時間也都在高處度過。

③掉落時也能從腳著地

家貓的平衡感與運動神經都很優秀，即使爬到高處也很少掉下來。就算掉了下來，也能熟練地翻轉身體，由腳著地。

背朝下掉落

在空中改變姿勢

能夠由腳著地

2月 14日

全球暖化雪會變少嗎？

？ 動動腦

❶ 冬天也很溫暖所以雪會變少

❷ 根本就沒有全球暖化

❸ 有些地方的雪會變多

全球暖化好像不是全世界的氣溫同時上升……

➡ 答案 ❸ 全球暖化也可能使有些地方變冷，雪變得更多。

🔍 這就是秘密！

①整個地球變溫暖的全球暖化

全球平均氣溫上升造成的暖化，成為地球最近的問題。原因在於大量二氧化碳等形成，進而使地球上空大氣層變厚，熱氣難以逸散。

全世界都為了防止全球暖化而推動各式各樣的措施。

②在全球暖化的情況下，也有氣溫下降的地方！？

如果全球繼續暖化，冬天也似乎會變得溫暖。但各個地方的氣候互相影響才形成地球整體的氣候，即使某個地方的氣溫上升，其他地方的氣溫也可能下降。

③海上的氣溫上升會導致降雪增加！？

冬天的氣溫上升，有些地方的雪量反而會增加。舉例來說，日本海上空的氣溫上升，吹進日本的風就會含有更多水氣，日本海的這一側就會下大雪。

2月 15日

身體 ♥

左撇子與右撇子的比例是多少？

❓ 動動腦

❶ 左撇子1：右撇子9，右撇子較多。

❷ 左撇子9：右撇子1，左撇子較多。

❸ 左撇子5：右撇子5，比例相同。

➡ 答案 **1** 不管在全世界的哪個過家，都是右撇子較多。

> 自動販賣機與電梯的按鈕都在右邊呢！

🔍 這就是秘密！

> 不管是右撇子還是左撇子，都是一個人的特質。

① 人類約90%是右撇子

人類約90%是天生的右撇子，其餘的約10%是天生的左撇子。據說這個比例從古至今都沒有改變。

② 右腦控制身體的左邊

我們的腦分成左右腦，右腦主要控制左半邊，左腦主要控制右半邊。

③ 左腦較活躍就會變成右撇子！？

我們並不清楚人為什麼會分成左撇子與右撇子。但是左右腦的活躍程度因人而異，據說左腦較活躍的人會變成右撇子，右腦較活躍的人則會變成左撇子。

2月 16日

打雷為什麼會那麼大聲？

 解決疑問！

打雷是強烈的電流造成空氣像是爆炸一樣的現象，所以會發出很大的聲響。

> 這不是雷的聲音，而是空氣發出的聲音喔！

這就是秘密！

①雲層中產生靜電

積雨雲等含有大量的水分，雲層裡的水滴與冰粒就在強烈的空氣對流中劇烈移動。這些顆粒互相摩擦，產生靜電（→P22）。

②帶負電的靜電流向地面

地面主要帶正電。於是靜電中的負電就累積在雲層的下方，最後流向地面，這就是打雷。

③大量的電提高空氣的溫度

雷電比我們在家使用的電更大量，所以周圍的空氣溫度升到非常高，於是體積一口氣膨脹，發出像爆炸一樣轟隆聲。

> 雲帶的電與地面帶的電互相吸引，所以就打雷了。

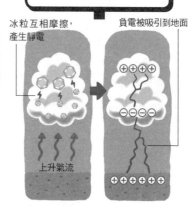

冰粒互相摩擦，產生靜電

負電被吸引到地面

上升氣流

物品的原理

2月 17日

塑膠會腐敗嗎？

動動腦

❶水分多就會
❷日照差就會
❸不會

漂浮在海面的塑膠，為什麼會成為環境問題呢？

➡ 答案 **3**　幾乎所有的塑膠，都沒有微生物能夠分解。

這就是秘密！

聽說浮在海面上的塑膠，會變成粉末流到水裡喔！

①有機物會腐敗分解

含有碳原子（→P312）的物質稱為有機物。除了木頭與草之外，動物的身體也是有機物。有機物會因為微生物的作用而分解成細碎的物質，這就是「腐敗」。

②塑膠是不會分解的有機物！？

塑膠也是一種含有碳原子的有機物。但幾乎所有的塑膠，在地球上都沒有微生物能夠分解，所以不會腐敗。

③也有會腐敗的塑膠

塑膠被丟掉後不會分解，而是會永遠保存下來，所以對環境並不好。因此人們發明了微生物能夠分解的生物可分解塑膠，用來製造寶特瓶等物品。

羅伯特·虎克

他是誰？

不知道為什麼，當時的肖像畫一張也沒有留下。

他使用顯微鏡，發現了生物的細胞。

原來這麼厲害！

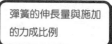

彈簧的伸長量與施加的力成比例

①他在皇家學會負責各種科學實驗

虎克出生於英國的懷特島。英國的民間科學團體「皇家協會」成立後，他就以監督科學實驗的立場，參與各種實驗。

②發現虎克定律

虎克的重大貢獻之一就是發現虎克定律。這個定律的內容是「施加於彈簧的力，與彈簧的伸長量成比例」，這是關於力學研究的其中一項基本法則。

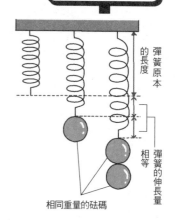

彈簧原本的長度

彈簧的伸長量 相等

相同重量的砝碼

③透過顯微鏡發現植物的細胞

除此之外，他使用當時還很新的顯微鏡裝置，觀察軟木塞，發現植物是由很多像是小房間的東西形成，他將這一個個的「小房間」命名為「細胞（cell）」。

食物

2月 19日

甜甜圈為什麼要挖個洞？

動動腦

❶因為這樣就不需要那麼多的材料

❷因為這樣比較容易吃

❸因為這樣才能受熱均勻

裡面也必須熟透！

➡ 答案 **3** 一般認為，中間有洞就能均勻加熱。

 這就是秘密！

其實有些種類的甜甜圈中間也沒有洞啊……

①甜甜圈採用油炸的方式製作

甜甜圈的麵團由麵粉、砂糖、蛋、奶油等混和而成，並採用油炸的方式製作。雖然有的形狀像是扭轉的棒子、有的像是壓扁的球，但最多的還是中間有洞的圓環。

②中間有洞就能均勻加熱

一般認為，中間有洞是為了均勻加熱。因為如果中間有洞，熱不管從外側還是從內側都能進入，所以整塊麵團都能受熱均勻。

③如果沒有洞就會受熱不均勻

如果中間沒有洞，熱就比較難傳導到中心。一般認為，這麼一來炸好的時候就會受熱不均，比較難炸得好吃。

2月 20日

長頸鹿的脖子為什麼那麼長？

解決疑問！

脖子長是有合理原因的。

脖子長的長頸鹿，在遠古時代更容易存活。

這就是秘密！

在廣闊的草原上，脖子長就能看到很遠的地方。

襲擊長頸鹿的敵人

脖子長就能發現遠處的敵人

①祖先的脖子並不長

身高約4～6m的長頸鹿，是地球上最高的動物。光是脖子的長度就達到2m以上。但據說長頸鹿的祖先，脖子並沒有現在的長頸鹿那麼長。

②脖子長有很多優點！？

長頸鹿的祖先，在很久很久以前從森林移居到草原。這麼一來，脖子長就能發現遠處的外敵。此外，脖子長也能吃到其他動物吃不到的高處樹葉。

③適應環境的長頸鹿才能生存

脖子長的長頸鹿祖先，比較不容易因為食物不足與外敵攻擊而死亡，於是留下更多的子孫。這樣的過程不斷反覆，就演化成脖子較長的物種了。

宇宙・地球

閱讀日期　　月　日

2月 21日

天空和宇宙的分界在哪裡？

大氣層指的是從地表到熱氣層

 解決疑問！

天空逐漸接近宇宙的狀態，所以兩者沒有分界。

這就是秘密！

一般來說，我們能夠去到的地方只在天空之下。

①地表上空有各式各樣的「層」

天空因為高度的不同而有不同的稱呼，從地表到上空11km處是氣流活動旺盛的對流層，11～50km處是阻擋紫外線的臭氧層所在的平流層，50～80km則是反射電波的電離層所在的中氣層。

②國際宇宙太空站飄浮的熱氣層

更上空的80～500km處稱為熱氣層，熱氣層是國際宇宙太空站飄浮的場所，也會出現流星與發生極光。

③上空100km附近是分界！？

國際宇宙太空站所在的高度
=400km

極光所在的高度
=100km

飛機飛行的高度
=1km

天空越往高處，空氣就變得越稀薄。所以並沒有「從這裡開始稱為宇宙」的明顯分界，一般認為，比上空100km處更高的地方就稱為宇宙了。

流感和感冒不一樣嗎？

動動腦

施打疫苗能有效預防流感。

❶流感是由流感病毒引起的

❷流感是由寄生蟲引起的

❸流感是由壞掉的食物引起的

➡ 答案 **1** 流感的症狀更嚴重，必須比感冒更注意。

這就是秘密！

每當有新的流感爆發，疫情經常
會急速擴大……

①由各種病毒引起的感冒

感冒主要是由病毒引起咳嗽、流鼻水、發
燒等症狀的疾病。造成感冒的病毒有許多
種類，也有一些病毒在感染之後不太會出
現症狀。

②由流感病毒引起的流感

至於流感則是由流感病毒引起的疾病。流感和感冒一樣都是由病毒造
成的，症狀也類似，但流感的症狀更嚴重，傳染力也更強，所以一般
會和感冒分開看待。

③流感有各種類型

流感分成ABC這3種類型，每種類型中又有各種病毒株。每年感染許多
人的是A型與B型，C型則主要感染小孩子。

2月 23日

閱讀日期　　　月　　日

這個世界上最低的溫度是幾度？

動動腦

❶負273.15℃
❷負573.15℃
❸負773.15℃

和人類的體溫差太多了，實在難以想像。

➡ 答案　　物質的溫度最低只到負273.15℃

 **這就是秘密！**

聽說在-40℃的環境中，就能用香蕉敲鐵釘……

①溫度不會低於負273.15℃

物質最低的溫度就是負273.15℃。比這更低的溫度在理論上不存在。這個溫度稱為絕對零度，把絕對零度當成0度的溫度單位稱為凱氏溫標（K）。

②可以下降到100萬分之1K

現在透過將原子（→P312）以特殊方法照雷射光、施加磁力等，可以在實驗室中把溫度下降到凱氏100萬分之1K。

③利用基本粒子產生5.5兆℃

但我們並不清楚最高溫的極限。現在的最高溫是透過基本粒子（遠比原子更小，創造出物質與力的粒子）碰撞創造出來的5.5兆℃。

攝氏與華氏

重要單字

知道這些就能懂！
3POINT

「攝」是攝爾修斯，「華」是華倫海特。取的是溫標創立者的名字翻譯而成的中文。

❶ 溫度除了℃（攝氏）以外還有幾個種類

❷ 美國等地會使用°F（華氏）

❸ 還有以絕對零度為基準的K（凱氏）等單位

攝氏與華氏不管是溫度的基準，還是1度的範圍都不同。不過攝氏℃與凱氏1K的範圍倒是相同。

攝氏 30℃
= 華氏 86° F
…日本盛夏的氣溫

華氏 30°F
= 攝氏 -1℃
…日本寒冬的氣溫

有些國家使用攝氏，有些使用華氏。至於凱氏比起日常生活，更常使用在學術場合。

在使用華氏的美國，溫度計通常也設計成可以同時知道攝氏與華氏。

2月 24日

物品的原理

CD如何記錄聲音？

解決疑問！

每個凸點大約只有1萬分之5mm

電子訊號作為凸點燒錄在CD上，將聲音記錄下來。

這就是秘密！

凸點反射光線的方式與其他部分不同

①記錄聲音訊號的凸點

CD由3個層形成，分別是印刷標籤的保護層、反射光線的反射層，以及內層的透明樹脂。燒錄時將聲音訊號轉換成電子訊號，將聲音資訊作為凸點記錄在反射層上。

反射層　　保護層
凸點
從背面打雷射光　　樹脂層

②雷射光打在反射層上播放

播放的時候，就邊旋轉CD邊將雷射光線打在反射層上。接著偵測器偵測到凸點反射光線的方式與不是凸點的部分不同，並將這個訊號轉換成聲音，就能變成音樂播放出來。

③資訊量大的DVD與藍光DVD

DVD與藍光DVD的原理也一樣。但它們的凸點比CD更小，可以寫進更多的資訊。

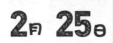

艾薩克·牛頓

？ 他是誰？

他發現了所有物體都互相吸引的萬有引力法則喔！

牛頓提出的想法，就是眾所皆知的牛頓力學。

原來這麼厲害！

①發現萬有引力法則

牛頓是英國英格蘭地區的科學家。他因為發現所有物體都互相吸引的萬有引力法則而聞名。也有人說，這個法則是牛頓看到蘋果從樹上掉落時想到的。

牛頓不只在科學上帶來許多偉大貢獻，實際上他也對煉金術感興趣喔！

②他解開了白光的秘密

除此之外，他也利用「三菱鏡」這種玻璃工具，確認白光是由好幾種色光混和而成的。太陽光通過三菱鏡，就會被分成各種顏色。

③發明現在也在數學課學習的微積分

牛頓也進行許多數學研究，還發明了現在也在高中學習的「微積分」。而微積分也被用來說明萬有引力。

食物

2月 26日

礦泉水從哪裡取水？

❓ 動動腦

❶其實和自來水一樣

❷海水

❸地下水

聽說日本的礦泉水，不管口味還是成分，都和歐洲不一樣。

➡ 答案 **3** 礦泉水基本上是從地底汲取上來的。

🔍 這就是秘密！

礦物質多的稱為硬水，少的稱為軟水。日本似乎比較多軟水。

①溶在地下水中的各種成分

礦泉水就是把從地底汲取上來的水裝瓶，含有鈣與鎂等礦物質。至於砂土之類的雜質則經由過濾去除，再用加熱的方式殺菌。

②含有氯的自來水

另一方面，許多地方的自來水，都是利用淨水廠把汲取自河川的水淨化，再加入氯消毒。所以對味道或氣味敏感的人，就會很在意氯的味道。

③礦泉水有許多種類

礦泉水所含的礦物質的種類與數量，因產地與品牌而不同。所以可以根據目的與喜好，選擇喜歡的礦泉水。

為什麼熊貓的毛色是黑白的？

 解決疑問！

可愛的毛色也隱藏著生存的秘密！

黑白的毛色適合在自然界生存。

這就是秘密！

有學者認為，熊貓的黑白毛色，適合在竹林生存

①黑白的身體不只是可愛

黑白毛色的可愛熊貓，是動物園的人氣王。雖然我們不是很清楚熊貓的毛呈現2種顏色的理由，但有說法認為，這樣的毛色有助於在大自然中生存。

黑白的身體容易辨識？

黑白的身體在竹林裡比較難看清？

②為了耐寒所以呈現黑色！？

有一種說法認為，這樣的毛色是為了耐寒。突出於身體的耳朵與手腳，在寒冷的時候容易變得冰冷，所以變成容易吸收太陽光的黑色。

③為了更顯眼？為了不顯眼？

另一種說法則是，黑白的毛色即使從遠處看也很明顯，同伴比較容易辨識。但也有研究者反過來認為，黑白的身體，在熊貓棲息的竹林裡比較不顯眼，所以容易生存。

2月 28日

宇宙・地球

閱讀日期　　月　日

為什麼2月29日有時候存在，有時候又不存在呢？

？ 動動腦

如果沒有2月29日，月曆的誤差就會越來越大……

① 因為地球繞太陽一圈的時間比一年短
② 因為地球繞太陽一圈的時間比一年長
③ 因為地球繞太陽的速度有時候會改變

➡ 答案 **2** 為了修正誤差，所以設定了2月29日。

🔍 這就是秘密！

雖然知道延遲，卻沒有設定閏年的古埃及曆法，實際上是有誤差的。

①地球花1年的時間繞太陽1圈

地球花1年的時間，繞著太陽公轉1圈。而在繞1圈的時候，也幾乎像陀螺一樣自轉365次。所以1年是365天。

②正確來說，1年繞不完1圈

但正確來說，地球繞太陽1圈不只1年。剛好繞太陽1圈，需要1年又0.2422天。

③修正延遲的閏年

所以如果1年設為365天，地球的公轉每4年就會慢約1天。所以每4年設有1次2月29日，修正延遲的時間。而有2月29日的那一年就稱為閏年。

3月

3月 1日

身體

為什麼會蛀牙？

💡 **解決疑問！**

口水能夠治療溶解的牙齒喔！

蛀牙菌分泌的酸性物質，會溶解牙齒。

🔍 **這就是秘密！**

蛀牙菌分泌的酸，從牙齒表面開始溶解。

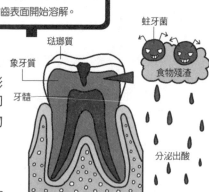

①怕酸的牙齒

牙齒由全身上下最堅硬的琺瑯質形成，這是一種非常堅硬的物質。但即使牙齒這麼堅硬，長時間接觸酸性物質，還是會被溶解。

②分泌酸性物質的蛀牙菌

我們的口中住著名為「蛀牙菌（變異性鏈球菌）」的細菌。食物殘渣會讓這種細菌分泌出酸性物質。所以如果不刷牙，蛀牙菌分泌的酸就會溶解牙齒，形成蛀牙。

③如果溶解到象牙質就會覺得痛

蛀牙要是放著不管，牙齒就會繼續溶解，溶到內側神經與血管所在的象牙質部分。當牙齒蛀到神經與血管，就會感覺到劇痛。

3月 2日

為什麼重新加熱的湯會變鹹？

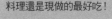

 動動腦

❶因為只有鹽分留下來

❷因為從空氣中吸收了鹽分

❸因為水分產生變化，製造出鹽分

➡ 答案　**1**　因為鮮味成分結塊，只有鹽分留下來。

料理還是現做的最好吃！

這就是秘密！

不過燉菜之類的料理，味道也會滲進食材裡面呢！

①鮮味成分多就不容易覺得鹹

味噌湯或其他湯品，除了鹽分之外，也含有蛋白質與鮮味成分等等。鮮味成分不僅是湯品的美味來源，也讓人比較不容易感覺到鹹味。

②重新加熱的湯只有鹽分留下來

但是如果加熱冷湯，蛋白質就會聚集起來包住鮮味成分，沉澱在底部。所以上方只有鹽分保留下來，喝起來就會覺得比較鹹。此外，重新加熱的湯，水分會蒸發，這也是讓人覺得鹹的其中一項理由。

③冷湯更容易覺得鹹

我們感覺到的鹹度也會因溫度而異。一般來說，冷湯比熱湯更容易覺得鹹。

物品的原理

閱讀日期 　月　日

3月 3日

玻璃為什麼是透明的？

 **動動腦**

❶因為光容易通過

❷因為光幾乎不通過

❸因為光容易被分散

➡ 答案 **1** 因為光幾乎能夠完全穿透玻璃，所以玻璃看起來是透明的。

太陽光即使穿透玻璃也幾乎沒有改變。

 這就是秘密！

①玻璃的真面目是二氧化矽

玻璃由砂土中所含的物質「二氧化矽」製成。將二氧化矽加熱融化，冷卻凝固就會變成玻璃。

②光容易通過玻璃

形成玻璃的二氧化矽，不具備吸收光的性質。因此絕大部分的光都能通過，看起來就是透明的。

製造塑膠時如果下點功夫，也能製造出透明的塑膠。

③吸收光的彩色玻璃

相對於不吸收光的玻璃，金屬就具有吸收光的性質。所以將金屬物質溶到玻璃裡面，就能製造出帶有許多顏色的彩色玻璃。

為什麼手放開東西會掉落地面？

解決疑問！

因為彼此互相吸引的引力發揮作用。

> 我們隨時都與地球互相吸引。

這就是秘密！

①對所有物體發揮作用的引力

所有物體之間，都發揮著彼此吸引的力，稱為「引力」。這就是牛頓想出來的「萬有引力定律」。

②物品受到地球的引力吸引而掉落

人類身體這種大小的物體引力很弱，無法吸引物品。但到了地球這樣的大小，就能吸引各種物品了。我們能夠站在地面，也是拜地球的引力所賜。

③星體與星體之間也有引力

引力不只發生在地球上，在宇宙中也發揮作用。銀河呈現圓盤般的形狀、行星公轉，都是因為引力的作用。

> 地球上的物體總是被吸往中心，這股力就稱為重力。

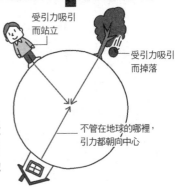

受引力吸引而站立

受引力吸引而掉落

不管在地球的哪裡，引力都朝向中心

3月 5日

食物

多吃魚會變聰明嗎？

動動腦

吃魚的效果還在研究當中。

❶反而會變笨

❷不會有任何改變

❸普遍認為可能會變聰明

➡ 答案 ❸ 據說DHA這種物質能夠改善記憶力。

這就是秘密！

聽說日本人的DHA攝取量隨著飲食生活的改變而減少。

①魚類含有DHA

魚類和肉類一樣，含有許多的蛋白質與脂質，蛋白質是身體生長的原料，脂質則是能量的來源。此外，肉類缺乏的營養素「DHA（二十二碳六烯酸）」也很豐富。

②DHA能夠改善記憶力

據說DHA有善記憶力的效果，因為在使用老鼠進行的實驗中，攝取DHA的老鼠記憶力較佳。此外，DHA也能改善血液循環，防止視力變差。

③秋刀魚與沙丁魚含量特別多

魚油中尤其含有大量的DHA。其中秋刀魚、沙丁魚、鯖魚等青魚類的DHA特別豐富。

生物

屎殼郎為什麼會推糞？

💡 **解決疑問！**

在屎殼郎多的地區，就算是大象的糞便，也幾個小時就消失了。

屎殼郎將動物的糞推成圓球，作為幼蟲的食物。

🔍 **這就是秘密！**

屎殼郎將仍殘留一些養分的糞便當成食物

①滾著動物的糞便

屎殼郎也被稱為糞金龜，是廣泛棲息於非洲到亞洲的金龜子的同類。牠們會邊滾著掉落到地面的動物糞便邊移動。

推圓後，倒立用後腳搬運象等動物的糞便

含有植物殘渣的大象等動物的糞便

②推成圓球的糞便是幼蟲的食物

發現糞便的屎殼郎，會用頭部與前腳把糞便推成圓形，以倒立般的姿勢用後腳滾動糞便。接著將糞便推進在地面挖好的洞穴裡，分成好幾份，在裡面產卵。從卵孵化的幼蟲，就以周圍的糞便為食物成長。

③日本沒有屎殼郎

日本雖然沒有屎殼郎，但住在日本的大黑糞金龜的幼蟲，也靠著吃動物的糞便長大。

3月 7日

人類去到宇宙會發生什麼事?

不過應該不會像漫畫或電影那樣,因為身體爆炸而死。

解決疑問!

人類的身體在宇宙會受到各種傷害。

這就是秘密!

穿上太空衣,在宇宙中也能活動

①人類在真空的宇宙無法存活

宇宙空間呈現沒有空氣的真空狀態,所以人類在宇宙無法呼吸。此外,在宇宙因為沒有空氣的壓力,血液中的氣體可能會變成氣泡而塞住血管。

②失去地球保護的宇宙空間

此外,宇宙和地球不同,沒有東西能夠阻止有害的紫外線與輻射線(→P302)穿透,所以人體直接暴露在宇宙當中非常危險。

③太空衣能幫助人類在宇宙中活下去

生命維持裝置
裡面有電池與氧氣瓶

太空衣
維持內部的溫度與氣壓

為了讓人類也能在宇宙中活動,太空衣會將空氣打進內部,維持一定的氣壓。擁有各種功能的太空衣,一套甚至要價3億元(台幣)以上。

身體

3月 8日

正常體溫是幾度？

動動腦

❶ 約34℃

❷ 約37℃

❸ 約40℃

知道自己的正常體溫，就能了解自己的身體狀況。

➡ 答案 **2** 雖然有個人差異，但日本人的平均體溫約37℃。

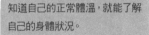
這就是秘密！

吃完東西之後，身體也會因為製造了能量而使得體溫升高。

①37.5℃以上就是發燒

根據某項研究顯示，日本人的平均體溫約36.9℃。日本的傳染病法規定，37.5℃以上是發燒，38.0℃以上就算是高燒。

②每個人的正常體溫都不同

不過，正常體溫因人而異，有些人的正常體溫是35℃左右，有些人則接近38℃。據說老年人體正常體溫比年輕人低。此外，不同溫度計顯示的體溫也不同。

③體溫在下午會升高

體溫在一天當中也有高低起伏。一般而言，身體正在休息的半夜到清晨體溫較低，活動頻繁的下午到傍晚較高。變化的範圍大約0.5℃左右。

3月 9日

馬戲團走鋼索的人為什麼要拿一根棒子？

解決疑問！

拿著棒子就能讓歪掉的身體重新站直。

走平衡木的時候，手臂也會張開吧？

這就是秘密！

往傾斜的方向擺動棒子，身體就能重新站直

①遠離鋼索的部分加重就不容易旋轉

從鋼索上掉下來的時候，就像是人以鋼索為中心旋轉。但距離中心遠的部分越重，旋轉的狀況就越不容易發生，所以拿著棒子，就能加重遠離鋼索的部分。

②一部分旋轉，其他部分就會往相反的方向轉

此外，也能靠著擺動棒子來抑制旋轉。舉例來說，坐在旋轉椅上，兩隻手臂張開，順時針轉動雙臂，身體就會往反方向旋轉。換句話說，當旋轉的物體的其中一部份旋轉時，另一部分就會往反方向旋轉。

身體往左邊歪時

將棒子的左側往下擺動，身體就能重新站直

③使用棒子修正身體的傾斜

走鋼索的人，當身體往左側傾斜時，棒子也往左側擺動，這麼一來身體就會往右側旋轉，重新站直。

3月 10日

 物品的原理

閱讀日期 　　月　　日

為什麼東西會出現在鏡子裡？

 **動動腦**

❶因為光線原封不動地反射

❷因為光線全部被吸收

❸鏡子呈現的是攝影機拍下的影像

> 以前會把研磨過的金屬當成鏡子。

➡ 答案 **❶** 鏡子背面的銀膜，將光線原封不動地反射。

 這就是秘密！

> 平常根本不會發現鏡子的結構有兩層吧？

①鏡子原封不動地反射光線

光線具有碰到物體就會被反彈回來的反射性質。鏡子沒有任何凹凸，所以能將光線原封不動地反射，呈現出原原本本的物體。

②光線靠著玻璃的背面反射

一般的鏡子由玻璃製成，背面有一層銀之類的薄膜。鏡子靠著這層薄膜，反射穿透玻璃的光線，將物體呈現出來。

③靠著正面反射的正面反射鏡

雖然把膜貼在背面能夠防止損傷，但玻璃表面也能反射些微的光線，所以仔細看會發現鏡子裡的成像有兩層。因此，相機或天文望遠鏡等，使用的是從玻璃正面反射光線的正面反射鏡。

3月 11日

發明

奧勒・羅默

他也是第一個在哥本哈根豎立路燈的人。

? 他是誰？

他透過測量，推導出光具有速度。

認為光的速度有限，在當時可是劃時代的想法！

原來這麼厲害！

①他在凡爾賽宮工作

羅默出生在丹麥的阿爾路斯，從哥本哈根大學畢業後，受到法國邀請，擔任王子的家庭教師、建造凡爾賽宮的噴水池等。

②想出羅氏溫標

他回到丹麥後，使用紅酒製作溫度計，將冰塊融化的溫度設為7.5度，水沸騰的溫度設為60度。這個溫標稱為羅氏溫標，後來也為華氏（→P75）帶來影響。

③發現光具有速度

此外，他觀測木星的衛星埃歐（木衛一）被木星遮擋的時間，發現木星與地球的距離越遠，遮擋的時間就比預測的更延遲，由此推測光具有速度。

3月 12日

食物

果凍為什麼會Q彈？

? 動動腦

如果吉利丁加太多，果凍就會變得太硬，必須小心！

❶ 因為鈣質鎖住了水

❷ 因為蛋白質鎖住了水

❸ 因為澱粉鎖住了水

➡ 答案 **2**　因為「吉利丁」這種蛋白質鎖住了水。

🔍 這就是秘密！

①果凍主要由吉利丁形成

果凍主要由「吉利丁」這種蛋白質形成。而吉利丁則是由動物的骨頭與皮所含的「膠原蛋白」這種蛋白質製成。

②把水分鎖在網格裡

吉利丁的結構就像纏繞的絲線。加熱會破壞這樣的結構，冷卻後絲線再度結合，形成網格狀。這時水分就會被鎖在網格裡，所以含有水分的果凍會變得Q彈。

吉利丁凝固時，把水鎖在裡面

水分
吉利丁

水分到處移動

膠原蛋白

水分被鎖住

③導致果凍無法凝固的食物

生的鳳梨或奇異果等，具有分解蛋白質的作用。所以如果這些水果沒有煮熟就放進果凍裡，果凍就無法凝固。

3月 13日

蝴蝶和飛蛾有什麼不一樣？

? 動動腦

很多飛蛾也有美麗的花紋喔！

❶蝴蝶的顏色比較美麗

❷蝴蝶在白天飛舞，飛蛾在晚上飛舞

❸沒有明顯的差異

➡ 答案 ❸ 蝴蝶與飛蛾各自有常見的特徵，但這些特徵都有例外。

🔍 這就是秘密！

一般所說的飛蛾，種類遠比蝴蝶還要多呢！

①兩者都是鱗翅目的昆蟲

蝴蝶與飛蛾都是昆蟲，都屬於「鱗翅目」。鱗翅目的意思是翅膀上有一層鱗粉。

②任何區分方式都有例外

在許多種類的蝴蝶與飛蛾身上，都能看到「蝴蝶停著的時候翅膀合起，飛蛾則是翅膀攤開」「蝴蝶的觸角尖端比較胖，飛蛾的觸角則像竹籤」「蝴蝶在白天活動，飛蛾在晚上活動」等特徵。但無論哪個特徵都有例外，無法明確地區別兩者。

③國外也沒有將兩者分開！？

在德語與法語中，蝴蝶與蛾的稱呼沒有區別。英語的蝴蝶稱為butterfly，飛蛾則稱為moth，但區別方式和我們有點不同。

3月 14日

海嘯和普通的海浪有什麼不一樣？

> 如果只是浪很大，並不會被稱為海嘯……

 解決疑問！

地震等造成的海嘯，具有龐大的能量。

🔍 **這就是秘密！**

> 發生在海底的地震，大幅擾動海水，形成海嘯。

①地震晃動整片大海的水，形成海嘯

一般的海浪，是由風吹動海水表面形成的。至於海嘯，則是因為地震或海底火山爆發，在短時間內大幅擾動海底，晃動整片大海的水而生成。

發生海嘯

發生地震　　水深越淺，高度越高

②海嘯的能量與海浪完全不同層級

海嘯不僅波長達到數km～數百km，而且是將整片大海的水打上來，能量大到一般的海浪完全比不上。

②海嘯的能量與海浪完全不同層級

海嘯帶有龐大的能量，如果原封不動沖上海岸，將帶來嚴重災害。2011年的三一一大地震，就有許多人因海嘯而去世。

3月 15日

換牙會發生什麼事呢？

解決疑問！

因為沒有空隙，智齒反而會往奇怪的方向生長呢……

換牙之後，即使下顎成長也不會形成空隙。

這就是秘密！

永久齒原本被埋在臉部的骨骼裡，在乳牙之後長出來。

①乳牙在3歲左右就會長齊

小孩子的牙齒稱為乳牙。乳牙的數量為20顆，從6個月開始長，到3歲左右完全長齊。

②成長之後就會出現空隙

但是小孩子的身體不斷成長，頭部與下顎也不斷變大。結果20顆牙齒之間出現空隙，無法好好咀嚼食物。

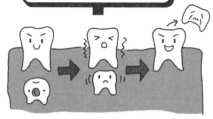

①乳牙下方有　②永久齒變大，　③換成永久齒
　永久齒　　　　乳牙開始晃動

③換成永久齒之後空隙就消失

於是，乳牙從上小學之後就開始掉落，長出稍微大一點的「永久齒」。永久齒不僅比乳牙大，數量也更多，有30～32顆。永久齒長齊後，牙齒之間的空隙就會消失。

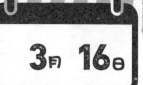
為什麼會下太陽雨？

❓ 動動腦

❶因為水滴從宇宙落下來

❷因為風把海洋與河川的水滴吹過來

❸因為雨被風吹過來，或是雲消失了

➡ 答案 **3**　雲可能在雨水落地之前就消失了。

在晴天時下雨，真是不可思議。

🔍 這就是秘密！

①沒有雲卻有雨的太陽雨

雲中的小水滴聚集在一起，讓雲系逐漸成長，最後落到地上變成雨。換句話說，沒有雲的地方，通常不會產生雨水。但有時候天空明明沒有雲，地上卻仍然下雨，這就是太陽雨。

因為這樣的景象太過神奇，也有人說是「老鼠娶新娘」呢！

②雨被風吹而移動

雲在天空很高的地方，在雲中生成的雨滴落到地上需要時間。如果雨滴在這段時間被吹走，別的地方就有可能正上方明明沒有雲卻還是下雨。

③雨水落地之前雲就消失了

或者也有可能雲很快就消失了。像這樣雨滴在雲中形成，而雲在雨滴落地之前消失，就會變成太陽雨。

3月 17日

為什麼戴上眼鏡東西會看得更清楚？

近視眼鏡與遠視眼鏡的鏡片種類不同。

解決疑問！

眼鏡利用鏡片會讓光線折射的原理而設計。

這就是秘密！

眼鏡使用透鏡讓成像落在視網膜上。

①成像模糊的近視與遠視

光進入眼睛「水晶體」，在眼底的視網膜成像，眼睛就能看見東西。但近視與遠視（→P148）的人，因為成像的位置偏離視網膜，所以看到的景像會變得模糊。

②使用凹透鏡的近視眼鏡

近視的人戴的是中央下凹的凹透鏡。凹透鏡具有讓光線折射發散的作用，因此原本落在視網膜前方的成像，就能剛好落在視網膜上。

③使用凸透鏡的遠視眼鏡

至於遠視的人戴的眼鏡，則是中央部分凸起的凸透鏡。凸透鏡具有讓光線折射集中的作用，因此能讓原本落在視網膜後方的成像，剛好看得清楚。

發明

閱讀日期　　月　　日

3月 18日

溫度計為什麼能夠量溫度？

観測氣象時則使用水銀溫度計。

解決疑問！

白燈油這種物質的體積，會隨著溫度而改變。

這就是秘密！

①大家最熟悉的酒精溫度計

溫度計在很久以前由羅默（→P92）發明出來之後就使用至今。現在一般使用的，是利用封在玻璃棒中的液體測量溫度的酒精溫度計。

②溫度上升，液體的體積就增加

酒精溫度計的液體成分，幾乎都是白

玻璃棒中的液體體積，隨著溫度變化而增減。

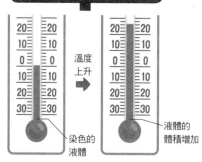

溫度上升➡

染色的液體

液體的體積增加

燈油。白燈油是一種燈油，為了方便看清楚而染色。白燈油的體積會隨著溫度上升而膨脹，所以能夠測量溫度。

③既然裝的是燈油，為什麼叫做「酒精溫度計」呢？

許多溫度計明明裝的是燈油，卻叫做酒精溫度計。這是因為早期的溫度計使用的是酒精。而真正使用酒精的溫度計，比較適合測量低溫。

3月 19日

蔬菜為什麼有益健康？

 動動腦

❶因為蛋白質

❷因為碳水化合物多

❸因為食物纖維多

魚和肉含有大量蛋白質，米和麵包則含有大量碳水化合物。

➡ 答案　❸　食物纖維能讓腸道的作用更活躍。

 **這就是秘密！**

①食物纖維與維生素多的蔬菜

許多蔬菜無論是身體成長所需的蛋白質，還是帶來能量的碳水化合物與脂質，含量都很少。不過，蔬菜除了富含能夠調整身體狀況的維生素之外，也含有大量的食物纖維。

以前的人好像覺得食物纖維沒什麼作用。

②讓腸道的作用變得活躍

食物纖維雖然很少被身體直接吸收，卻具有刺激腸道，使其作用變得更活躍的效果。所以多吃蔬菜，就能改善腸道狀況。

③含有大量食物纖維的食品。

含有大量食物纖維的食品除了蔬菜之外，還有海苔與海帶芽等海藻類、蒟蒻、菇類、豆類等等。

閱讀日期　　月　日

3月 20日

動物園的猴子會演化成人類嗎？

💡 **解決疑問！**

電影演的內容，現實生活也會發生嗎？

猴子已經演化成不同的生物，所以無法演化成人類喔！

🔍 **這就是秘密！**

金剛猩猩與人類，是從共同的祖先分離之後演化而成

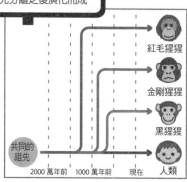

紅毛猩猩
金剛猩猩
黑猩猩
共同的祖先　　　　　　　　　　　人類
2000萬年前　1000萬年前　　現在

①演化需要很長的時間

演化是在父母將帶有生物身體特徵資訊的基因遺傳給孩子，再由孩子遺傳給孫子這種代代相傳的過程中發生。基因在遺傳時稍微有點改變，積年累月之下，才誕生了演化成與祖先不同樣貌的子孫。

②猴子與人類的「祖先」相同

猴子的祖先雖然與人類相同，但已經經歷了不同的演化，變成了不同的生物。一般認為，最近的一次分離大約發生在600萬年前，黑猩猩在這時與人類分道揚鑣。

③一旦分離就會繼續演化下去

一旦像猴子與人類這樣，走向不同的演化方向，就會分別演化成不同的生物。所以不管花多少時間，猴子都不會演化成人類。

閱讀日期　　　月　　日

3月 21日

3月

為什麼冬天比夏天更能看到清楚的星星？

 **動動腦**

❶因為冬天星星會變近

❷因為冬天的夜空比夏天更暗

❸因為冬天的空氣比較乾燥

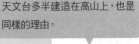

天文台多半建造在高山上，也是同樣的理由。

➡ 答案 **❸** 因為冬天空氣中的水蒸氣含量比較少，所以星星看得更清楚。

這就是秘密！

智利的阿塔卡馬沙漠，海拔高又乾燥，世界各國的天文台都聚集在這裡。

①空氣乾燥的日本冬天

冬天的日本，被來自俄羅斯方向的寒冷、乾燥大型空氣團「西伯利亞冷氣團」壟罩，所以日本的冬天乾燥的日子較多。

②遮蔽星光的水蒸氣較少

空氣乾燥就代表裡面所含的水蒸氣不多。
水蒸氣具有遮蔽星光的性質，所以水蒸氣
少、空氣乾燥的冬季夜空，經常可以清楚看見星星。

③冬天的夜晚較長，亮星也多

除此之外，冬季的夜晚時間較長，與其他季節相比，也能觀測到更多被稱為「一等星」的亮星，這或許也是冬天比較容易看見星星的理由。

3月 22日

血液為什麼是紅色呢？

> 紅血球運送的氧氣，與血液的顏色有關喔！

解決疑問！

因為血液中含有「紅血球」這種紅色細胞。

這就是秘密！

> 血液中55%是血漿，其餘的45%幾乎都是紅血球

①含有3種血液細胞的血液

血液的成分不只一種，裡面混和了液體成分「血漿」與3種血液細胞，分別是打擊進入體內細菌的白血球、讓傷口血液凝結的血小板，以及運送氧氣及二氧化碳的紅血球。

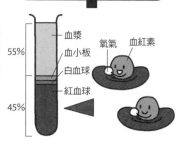

②因為有紅血球，所以看起來是紅色的

紅血球是中央凹陷的圓盤狀血液細胞，裡面含有血紅素這種紅色物質，所以血液看起來呈現紅色。

③變色的血液

血紅素與氧氣結合會呈現鮮豔的紅色，離開氧氣則會變成暗紅色。所以從心臟送出的動脈血顏色鮮紅，與回流到心臟的靜脈血顏色不同，靜脈血的顏色會變得比較暗。

3月 23日

為什麼泡泡的顏色會變？

？ 動動腦

❶因為泡泡會發出各式各樣的光

❷因為部分的光被泡泡吸收

❸因為光時而增強時而減弱

➡ 答案　❸　因為泡泡反射的光時而增強時而減弱。

這就是秘密！

泡泡的顏色，是因為光線反射而形成。

①太陽光含有各式各樣的色光

太陽光含有紅色、黃色、藍色等各式各樣的色光。太陽光之所以看起來會是白色的，是因為各種不同的色光混和在一起。

②顏色時而增強，時而減弱。

照射到泡泡的太陽光，被泡泡膜的內側與外側反射。這時候，內側與外側反射的光當中，只有某種特定的顏色被增強或減弱。

③隨著觀看的角度而變色

哪種顏色被增強或減弱，會隨著膜的厚度與光線反射時的角度而改變。所以顏色會隨著觀看的角度與時機而變化。

3月 24日

為什麼燈泡會變燙？

解決疑問！

電能很難全部轉換成光。

燈泡在發光的同時也會發熱，所以會變燙。

這就是秘密！

①電子在燈絲中移動

燈泡裡面有「鎢」這種金屬製成的燈絲。點亮燈泡時，「電子（→P391）」這種小小的粒子，就從電源流進燈泡，開始在燈絲中移動。

②電子碰撞就會發光與發熱

電子流過時與鎢的原子（→P312）碰撞，於是電子所含的能量有一部分變成光與熱，燈絲就發出亮光。

③電阻大就會發光發熱

燈泡使用的是燈絲發出的光。但燈絲除了發光，也會發出大量的熱。所以燈泡就變得非常燙。

流過燈絲的電子與鎢原子碰撞，發出光與熱

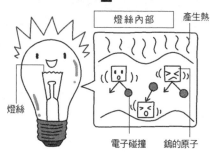

燈絲內部　　　產生熱

燈絲

電子碰撞　　鎢的原子

3月 25日

3月

班傑明・富蘭克林

富蘭克林的實驗非常非常危險!

 他是誰?

他是全世界第一個證明雷就是電的人。

 原來這麼厲害!

①發明了許多東西

富蘭克林是出生於美國麻薩諸塞州的科學家。他發明了防止雷劈的避雷針、燃燒效率高的爐子等許多東西。

②他證明了雷就是電

他在科學領域最著名的貢獻就是雷電的實驗。他在暴風雨中,用線將儲電用的萊頓瓶與風箏綁在一起,讓風箏飛上天,藉由觀察到風箏在受雷擊後能將電儲存在瓶子裡,證明了雷就是電。

③在獨立戰爭時成為活躍的政治家

此外,富蘭克林也是活躍的政治家,他參與擬定1776年美國獨立宣言,也以外交官的身分與瑞典簽訂條約。

落在風箏上的雷,透過金屬製的鑰匙,轉移到萊頓瓶裡

雷落在裝著金屬線的風箏上

電傳導到鑰匙

電儲存到萊頓瓶裡

食物

閱讀日期　　月　日

3月 26日

沒有卡路里的甜食是什麼意思？

❓ 動動腦

❶ 這種甜食含有讓人無法消化砂糖的物質

❷ 這種甜食透過口水分解產生甜味

❸ 這種甜食含有雖然帶甜味，但身體無法吸收的物質

➡ 答案　**3**　人工甜味劑雖然帶有甜味，卻無法被身體吸收。

糖會被當成能量使用，所以不能只顧著吃喔！

🔍 這就是秘密！

①砂糖成為身體的能量

我們覺得甜的食物，多半含有砂糖之類的甜味來源。砂糖會被人體吸收，成為思考、活動的能量。

人工甜味劑中，含有甜度比砂糖高數百倍的甜味物質！

②明明不是砂糖，卻帶有甜味的人工甜味劑

我們之所以會覺得砂糖帶有甜味，是因為位於舌頭的器官「味蕾」中感受甜味的細胞，對砂糖產生反應。砂糖由植物製成，但讓感受甜味的細胞產生反應的物質，也能以人工方式製作，這種物質就稱為人工甜味劑。

③人工甜味劑不會被身體吸收

人工甜味劑多半無法被我們的身體吸收，也不會轉換成能量，所以和砂糖不同，不含卡路里。

生物

3月 27日

閱讀日期　　月　日

3月

鳥為什麼會成群飛翔？

 動動腦

❶為了提高存活下來的可能性
❷為了模仿飛機
❸為了嚇人類

成群結隊有許多優點！

➡ 答案　**1**　鳥為了提高存活下來的可能性，所以會成群結隊。

 **這就是秘密！**

鳥類為了活下去，面對生存這個嚴酷的選擇時，得到成群結隊的結論。

①成群結隊比較容易發現敵人

到了傍晚，經常可以看到白頭翁之類的鳥兒成群飛翔。在成群結隊的狀況下，當敵人靠近時，只要鳥群裡有一隻鳥發現，整群鳥都能逃離。

②降低敵人鎖定自己的機率

此外，成群飛翔時周圍的同伴會增加，所以能夠降低敵人鎖定自己的機率。鳥成群飛翔的習性，就像這樣有利於保護自己。

③飛行隊伍整齊的鳥也有其理由

至於大雁與天鵝等大型鳥類排成整齊的隊伍飛翔，則有另外的理由。鳥在飛行時，斜後方的空氣會形成氣流，順著這個氣流飛起來較省力，所以其他鳥就會排在領頭鳥的斜後方，形成整齊的隊伍。

3月 28日

在地球挖洞可以挖多深呢？

解決疑問！

挖愈深的洞溫度愈高，好像很難挖……

全世界最深的洞穴，深度超過10000m。

這就是秘密！

①最深的洞穴約1萬2000m

地球表面覆蓋著一層堅硬的岩盤，而且越往深處，溫度與壓力越高，環境也越嚴峻。最深的人工洞穴，是蘇聯（現在的俄羅斯）為了進行地底調查而挖出來的，有1萬2262m深。

②地底深處有地函

地球最外側的岩盤稱為地殼，大陸的厚度約30～60km。地殼下方有稱為「地函」的岩石層，這層岩石會緩慢移動。

③地球的中心溫度高達6000℃

地函的內側是地核。地核分成內核與外核，中心的內核溫度高達6000℃。

最深的洞穴，也只不過是從地球表面稍微往下挖一點而已。

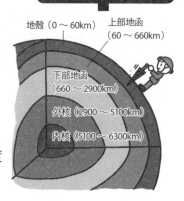

地殼（0～60km）　上部地函（60～660km）

下部地函（660～2900km）

外核（2900～5100km）

內核（5100～6300km）

3月 29日

3月

一餐不吃會變瘦嗎？

動動腦

❶ 體重減少3分之1

❷ 體重反而增加

❸ 幾乎沒有影響

➡ 答案 **3** 只有一餐不吃，對身體幾乎沒有影響。

減肥應該長期計畫，不能勉強自己！

這就是秘密！

如果想減肥，不只要限制飲食，也要運動喔！

①養分會變成身體的一部分，或者被儲存起來

食物所含的養分，轉換成生存所需的能量，或是成為製造身體細胞的原料。至於多出來的養分，就被儲存在身體中。

②長期不吃東西就會變瘦

當身體的能量不足時，就會使用儲存的養分製造能量。如果還是不夠，就會為了產生養分而分解身體的一部分。所以長期不吃東西，身體就會變瘦。

③少吃個一餐不會瘦

不過，少吃個一餐，身體不會發生多大的變化。體重雖然會因為大小便而減少，但人不會因為這樣就變瘦。

3月 30日

自然

同樣大小的鐵塊與木塊，為什麼不一樣重？

💡 **解決疑問！**

像是泡棉，就比木頭輕很多喔！

單位體積的鐵，比單位體積的木頭更重。

🔍 **這就是秘密！**

①鐵比木頭重10倍以上！？

體積1000 cm³的木頭，大約只有500～600g重。但同樣體積的鐵，卻有約7.9kg重（約7900g）。換句話說，鐵比木頭重10倍以上。

②每1 cm³的重量稱為密度

每單位體積（1 cm³）物質的重量稱為密度。密度會隨著物質改變，譬如木頭的密度是0.5～0.6g/ cm³、水是1g/ cm³、鐵是7.9g/ cm³、金是19.3g/ cm³。

③密度取決於原子

所有的物質分割到很小都會變成「原子（→P312）」這種微小的粒子。原子的重量依種類而異，金原子的重量是鐵原子的約3.5倍。此外，不同物質的原子，種類與數量也不一樣。所以就算體積相同，重量與密度也不同。

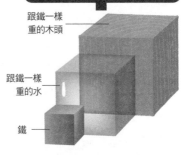

如果重量相同，那麼密度越大，體積就越小。

跟鐵一樣重的木頭

跟鐵一樣重的水

鐵

3月 31日

3月

除菌與殺菌哪裡不一樣？

 動動腦

只要思考「消除」與「殺死」有什麼區別……？

❶ 差別在於有沒有把細菌殺死

❷ 差別在於實施之後殘留的細菌數量

❸ 兩者之間沒有差別

➡ 答案 **1** 除菌是減少細菌，殺菌是殺死細菌。

這就是秘密！

只要抑制細菌的活動，即使不殺菌也算是完成消毒。

①除菌是消除細菌

除菌是消除造成感染的細菌，減少細菌的數量。有些產品會把細菌殺死，有些則不會。用水洗手也是一種除菌。

②殺菌是殺死細菌

殺死細菌稱為殺菌。殺菌殺死的細菌數量沒有規定，但如果把所有細菌都殺死就稱為「滅菌」。液體OK繃等藥材上的「已滅菌」標示，就是完全沒有細菌的意思。

③消毒是消除對人體的傷害

此外，在醫院常看到「消毒」的標誌。消毒指的是殺死或去除對人體有害的細菌，避免對人體造成傷害。

4月

4月 **1**日

發明

詹姆斯・瓦特

? 他是誰？

蒸汽機可說是日後各種機械的基礎。

他發明了高效率的蒸汽機，對工業革命的發展帶來貢獻。

原來這麼厲害！

瓦特透過改良，分離把蒸氣恢復成水的裝置，避免輸入蒸氣的部分冷卻。

①發明高效率的蒸汽機

瓦特是出生於英國蘇格蘭地方的發明家。他在修理紐科門發明的蒸汽機模型時，發現這個機器的熱效率很差，於是將蒸汽機改良成不會浪費熱能的形式。

②一次又一次的反覆改良

瓦特的蒸汽機因為效率好，被使用在各種機械上。後來瓦特為了加強蒸汽機的作用、拓展使用的範圍等，反覆進行改良。

③為工業革命帶來貢獻的蒸汽機

後來，瓦特的蒸汽機，成為推動英國工業革命的一大助力。W（瓦特）成為表現功率與電力的單位。

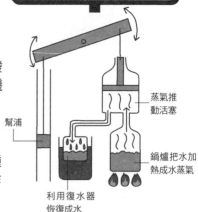

蒸氣推動活塞

鍋爐把水加熱成水蒸氣

幫浦

利用復水器恢復成水

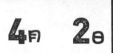

喝牛奶會長高嗎？

？動動腦

❶以前會長高，但現在不會

❷一定會長高

❸不一定會長高

身高與各種生活習慣都有關係。

➡ 答案 ❸　光喝牛奶也沒什麼效果。

🔍 這就是秘密！

只要均衡攝取各種食物，就一定會長高的！

①光喝牛奶不會長高

牛奶中含量豐富的鈣質，是製造骨骼的其中一種成分。但身體成長除了鈣質之外，還需要各種養分。如果只攝取大量鈣質，其他營養成分不足，也不會長高。

②身高來自父母遺傳！？

其實身高多半來自父母遺傳。身高矮的父母所生下的孩子，多半也很難長高。

③重要的是規律的生活與均衡的飲食

但就算父母身高矮，也不是絕對不會長高。只要有充足的運動與睡眠，注意飲食均衡，就會更容易長高。

4月 3日

生物

閱讀日期　　　月　　日

樹木的壽命有多長？

 動動腦

❶比人類還長

❷比人類還短

❸沒有壽命

鹿兒島縣的屋久島，就有樹齡超過1000年的杉樹。

➡ 答案 **1** 雖然種類不同，壽命也不一樣，但多半都比人類還長壽。

 這就是秘密！

從年輪可以知道樹木的壽命。年輪的數量將隨著成長而增加。

①有些樹活了1000年以上

植物的壽命依種類而異。壽命短的樹木約10年左右，但壽命長的樹木，譬如杉樹，據說可以活好幾千年。

②細胞分裂次數多的植物

生物透過身體細胞分裂，增加細胞的數量而成長。所以如果細胞無法分裂，最後就會面臨死亡。但一般認為，植物身體的細胞，能夠比動物的細胞分裂更多次。

③只要一部分活著，就能繼續活下去

植物與動物還有另一個不同的地方，那就是植物即使失去了大部分的身體，也能繼續活下去。所以部分植物遠比動物還要長壽。

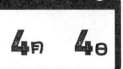

月球是怎麼形成的？

解決疑問！

> 據說地球與月球，曾經是同一個星球？

來自地球的碎片聚集在一起，形成了月球。

這就是秘密！

巨大的天體撞到地球，碎片四散到宇宙形成月球

①地球與天體碰撞　②碎片邊旋轉邊聚集　③月球形成，繞著地球轉

①最有力的是大碰撞說

現在仍不清楚月球是怎麼形成的，但在各種假說當中，獲得最多支持的是「大碰撞說」。這個假說認為，地球與其他星體碰撞，形成了月球。

②以前的地球曾與大型天體碰撞

大碰撞說認為，地球在剛形成時，曾與其他的大型天體碰撞。

③碎片聚集在一起形成月球

碰撞造成許多碎片四散到宇宙中，這些碎片邊繞著地球邊聚集，形成了月球。證據就是，月球的大小與成分，都與地球內部的物質非常相似。

身體

4月 5日

大人和小朋友的骨頭數量不一樣嗎？

💡 **解決疑問！**

> 憑著身體的力量，堅硬的骨頭也能結合在一起！

一部分的骨頭將隨著成長而結合在一起，所以數量會減少。

🔍 **這就是秘密！**

①大人身體約由200塊骨頭形成

骨頭具有支撐身體、保護內臟、製造血液等功能。據說大人的骨頭數量不多，只有200塊。部分骨頭的數量因人而異，所以並不是每個人的骨頭數量都完全相同。

②嬰兒的骨頭有300塊以上！？

嬰兒的骨頭比大人多，據說有大約305塊。分離的骨頭隨著成長而開始結合，長大成人之後數量就固定下來，大約是200塊。

③腰部的骨頭從3塊變成1塊

> 手部的骨頭隨著長大成人而結合，數量也因此而減少。

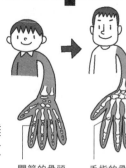

關節的骨頭分得較細。　　手指的骨頭與關節的骨頭結合。

腰部的骨頭，就是在長大成人之後數量減少的骨頭之一。腰部的髖骨，在嬰兒的時候分成髂骨、恥骨和座骨，但長大成人之後就結合在一起，變成一塊髖骨。

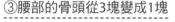

4月 6日

為什麼棉被需要曬太陽？

❓ 動動腦

❶為了防止黴菌與跳蚤繁殖

❷為了進行光合作用

❸為了用太陽能發電

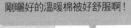
剛曬好的溫暖棉被好舒服啊！

➡ 答案 **①** 把棉被拿去曬，黴菌、跳蚤與細菌就不容易繁殖。

🔍 這就是秘密！

①防止跳蚤與黴菌繁殖

我們用過的棉被會吸收汗水，如果就這樣擺著，喜歡溼氣的黴菌與跳蚤就會繁殖，把棉被拿去曬就能防止這點。

②靠著紫外線的效果殺菌

潮濕的棉被也容易繁殖細菌。太陽光當中含有能夠殺菌的紫外線，所以曬棉被就能夠減少細菌。

睡覺的時候意外地會出汗。
所以最好把棉被曬乾喔！

③剛曬好的棉被很舒服

曬好的棉被睡起來也很舒服。因為布與絲線等纖維，在含有汗水之類水分的狀態時會被壓扁。透過曬太陽去除水分，被壓扁的纖維就能恢復蓬鬆，棉被也變得鬆軟舒適。

物品的原理

| 4月 | 7日 |

閱讀日期　　月　日

洗衣店都怎麼洗衣服？

動動腦

❶ 採取不使用水的方式洗衣服

❷ 使用大量的水洗衣服

❸ 和家裡洗衣服的方法一樣，只是規模比較大

➡ 答案　**1**　洗衣店主要採取不使用水的乾洗方式。

> 洗衣店主要採取不使用水的乾洗方式。

這就是秘密！

> 洗衣店用來洗衣服的物質，原本就和家裡用的不一樣。

①使用有機溶劑溫柔清洗的乾洗方式

洗衣店主要採取的是使用「有機溶劑」這種物質的乾洗方式。這種方式利用有機溶劑溶出油汙，所以不會破壞衣服的纖維。

②水洗也比家裡洗得更乾淨

此外，洗衣店也會和家裡一樣，使用水與洗潔劑等清洗衣物。這種方法用在清洗堅韌的布料時，清洗時會使用洗衣專用洗潔劑與高溫、大量的水，所以能夠洗得比家裡更乾淨。

③最後再熨燙平整

洗好的衣服，再用熨斗等工具熨燙平整。有些洗衣店甚至會用手工的方式，將皺褶一個個燙平。

威廉・赫歇爾

威廉的妹妹與兒子也是天文學家。

？ 他是誰？

他使用自製的望遠鏡，發現了土星的衛星與天王星喔！

原來這麼厲害！

人類在西元前就發現到土星為止的行星，所以天王星是大發現

①天文學的能力在30歲過後才覺醒

赫歇爾出生於現在的德國，以音樂家的身分在英國活動。他利用閒暇時間學習天文學，30歲過後才正式展開天文研究。

木星

土星

天王星
……17～18世紀

火星

地球

金星

水星

②發現天王星

赫歇爾自己製作望遠鏡觀測天體，在1781年發現了太陽系的第7顆行星天王星。這是除了以前就知道的水星、金星、火星、木星、土星之外，第一個發現的行星。

③使用巨大望遠鏡發現土星的衛星

此外，他也使用直徑120cm，長12.2m的巨大望遠鏡，在1789年發現了兩顆土星的衛星。他後來也繼續從事觀測，發現銀河系（→P213）呈現圓盤狀。

食物

4月 9日

納豆為什麼會牽絲？

❶因為製作過程中加入了牽絲的成分

❷因為菌分解大豆，產生牽絲的成分

❸因為大豆中牽絲的成分滲出

➡ 答案 **2** 納豆菌分解大豆，產生牽絲的成分。

越攪拌就會變得越牽絲！

這就是秘密！

如果想要變得更黏，要在加入醬包之前攪拌喔！

①納豆菌分解大豆

納豆是在水煮大豆裡添加納豆菌製成的發酵食品。納豆菌分解大豆，產生養分與鮮味，也散發出獨特的氣味。

②牽絲成分的真面目是鮮味成分

納豆菌在分解大豆時，會產生一種叫做「聚穀氨酸」的物質。這種物質就是納豆牽絲成分的真面目。聚穀氨酸能將鮮味成分「麩胺酸」像鎖鏈一樣串在一起，而這也是納豆的鮮味來源。

③把大豆包在加熱的稻草裡就變成納豆

以前會把水煮大豆包在加熱的稻草裡，用這種方式製作納豆。納豆菌耐熱，加熱的稻草能夠殺死納豆菌以外的細菌，所以能夠製成納豆而不腐壞。

重要單字

發酵食品

知道這些就能懂！
3POINT

紅酒是最早的發酵食品之一！
據說在大約8000年前就開始製造。

❶ 憑著微生物的力量讓食材發酵所製成的食物就是發酵食品

❷ 製作時只讓特定的微生物發酵

❸ 有時候會因為發酵而產生獨特的風味

味噌、醬油，甚至柴魚都是發酵食品！由此可知，日本料理沒有發酵食品就無法成立。

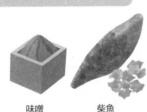

味噌	柴魚	優格	醬油
原料…大豆	原料…鰹魚	原料…牛奶	原料…大豆

納豆等發酵食品，含有維生素與異黃酮等許多有益健康的成分喔！

使用乳酸菌製作的優格，也有促進腸道菌運作的效果。

4月 10日

櫻花為什麼會同時開花？

解決疑問！

其他品種的櫻花，開花的時期就不一樣

透過品種改良而誕生的染井吉野櫻，全部具備同樣的性質。

這就是秘密！

①具備同樣性質的染井吉野櫻

染井吉野櫻是在江戶時代經過品種改良而培育出來的櫻花。這種櫻花使用扦插的方式繁殖，所以全部的樹木都具備完全相同的性質，到了春天就會同時開花。

②每天溫度的加總，決定開花的日子

據說染井吉野櫻經過寒冷的冬天，從2月1日開始，當每天溫度的加總（累積溫度）超過400℃時就會開花。

③為了長出種子而在同樣的時期開花

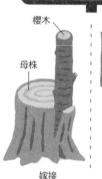

櫻花透過嫁接或扦插等方法，讓同一棵樹繁殖。

櫻木

母株

櫻木

種植樹枝

嫁接

扦插

除了染井吉野櫻之外，很多植物也分別在固定的季節開花。花在授粉之後才會長出種子，但不少植物必須要接受其他植株的花粉才能讓種子長出來。所以為了容易授粉，就會在相同的季節開花。

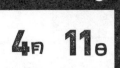

4月 11日

為什麼太陽也會有圓缺？

動動腦

❶因為撞到其他星球而凹下去

❷因為被月球擋住

❸因為被火星擋住

太陽光很強，觀測時要使用日蝕眼鏡喔！

➡ 答案 ❷　因為月球運行進太陽與地球之間，把太陽擋住。

這就是秘密！

地球擋在太陽與月球中間，就會發生月蝕，這時候月亮看起來是紅色的。

①月球擋住太陽

地球繞著太陽公轉，月球繞著地球公轉。所以從地球表面看，太陽有時候會幾乎與月球呈現一直線，被月球擋在後面。這種現象稱為日蝕。

②恰到好處的距離所誕生的神祕現象

太陽原本不是月球能夠擋住的大小。但是太陽的直徑大約是月球直徑的400倍，而從地球到太陽的距離，也是到月球的約400倍，所以月球剛好能把太陽擋住。

③日蝕分成好幾種

日蝕分成擋住整個太陽的日全蝕、外圈看起來像一層圓環的日環蝕、只擋住一部分的日偏食。不同地方看見的日蝕都不一樣，大約每幾年就能觀測到1次。

4月 12日

身體 ♥

為什麼大人不怕吃山葵？

解決疑問！

品嘗各式各樣的食物，就能拓展喜歡的口味。

山葵的辣味，主要是在磨泥時形成。

這就是秘密！

隨著人類成長，逐漸學到苦味與辣味不一定有危險。

透過味道判斷食物有危險。

根據經驗知道是山葵。

①味道分成5種

我們感覺到的味道，分成酸、甜、苦、鹹、鮮5種。吃辣椒與山葵時感覺到的辣屬於痛覺，不是一種味道。

②酸味與苦味是危險的味道！？

這5種味道能夠幫助判斷食物是否安全。甜味、鹹味與鮮味，是有養分的食物的味道，酸味與苦味則是腐敗、有毒的食物的味道。

③有些大人也怕辣

山葵又辣又苦，小的時候本能會覺得是危險的食物。但是多品嘗各種食物，習慣辣味與苦味後，就能開始理解各種味道的美味。

砂糖為什麼能夠在水裡溶解？

❓ 動動腦

糖水也充滿了科學的秘密呢！

❶ 因為砂糖能夠分解成非常小的粒子

❷ 因為砂糖變成了液體

❸ 因為砂糖與水反應，變成其它物質

➡ 答案 **①** 結合在一起的砂糖分子，放進水裡就會分散開來。

🔍 這就是秘密！

溶解在水中的砂糖超過一定的量，就無法再繼續溶解了。

①部分物質由分子形成

所有的物質都由原子（→P312）形成。但有些物質的原子結合在一起，變成叫做「分子」的粒子，再由分子聚集在一起形成物質。

②砂糖的分子在水中散開

砂糖由砂糖的分子形成。砂糖的分子平常緊密結合，但如果把砂糖放進水裡，分子與分子就會散開，變成在水中懸浮的狀態。這就是砂糖溶解的狀態。

③容易溶解的程度依物質而異

原子與分子的親水程度依物質而異，有些物質也不溶於水。砂糖分子非常親水，所以容易在水中溶解。

4月 14日

太陽光如何發電？

💡 **解決疑問！**

並不是光本身變成了電喔！

電子因為照到光而移動，於是產生了電。

🔍 **這就是秘密！**

電子受到光的刺激而移動，經過導線傳導，流到另一邊。

①兩種半導體

太陽能發電使用的是半導體（→P355）製造的太陽能電池。半導體分成電子（→P391）較多，帶負電的n型半導體，與電子較少，帶正電的p型半導體。

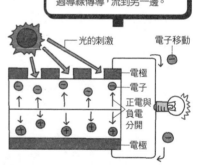

②半導體形成的太陽能電池

太陽能電池把n型半導體與p型半導體貼在一起。正電與負電平常在這兩種半導體的交界處互相吸引，電流無法通過。

③電子受到光的刺激而移動

電子照到光，就會移動到n型半導體的表面。這時候，如果把這兩種半導體用導線接在一起，電子就會受正電吸引而移動，使電流通過。

4月 15日

亞歷山卓‧伏特

把電極插在檸檬上,不知道會不會產生電?

? 他是誰?

他是全世界第一個製作化學電池的人。

電池發明之後,能夠自由產生電力,關於電的實驗就一下子變容易了。

 原來這麼厲害!

①死掉的青蛙腿會動!?

伏特是出生在義大利北部科莫的科學家。他的專長是電力學,後來致力於研究把2種金屬接在死掉的青蛙的腿上,結果蛙腿會抽動的現象。

②2種金屬與食鹽水產生電

伏特發現,不只青蛙,把2種金屬接在浸泡過食鹽水的紙上,也能產生電。後來他使用銅片與鋅片,成功產生了更多的電,於是發明了採用這個原理的電池。

③伏特的電池成為現在乾電池的原型

伏特製作的電池,是全世界最早的化學電池,成為現在使用的乾電池的原型。電壓的單位V(伏特),也來自伏特的名字。

4月 16日

食物

切好的蘋果為什麼會變褐色？

蘋果是種有點難處理的食材呢……

解決疑問！

因為蘋果所含的成分與氧結合。

這就是秘密！

①多酚氧化就變成褐色

蘋果含有「多酚」這種物質。多酚具有與空氣中的氧結合氧化，變成褐色的性質。

②切開來之後多酚就會氧化

蘋果的細胞含有幫助多酚氧化的酵素。蘋果切開後，細胞被破壞，於是多酚就與酵素接觸，再加上表面接觸空氣，多酚就氧化變成褐色。

③淡鹽水與檸檬汁能夠防止蘋果變成褐色

鹽水與檸檬汁能夠有效防止切開的蘋果變色。鹽水能減弱酵素作用的效果，而檸檬汁則具有除去酸素防止氧化的效果。

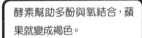
酵素幫助多酚與氧結合，蘋果就變成褐色。

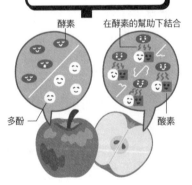
酵素　　在酵素的幫助下結合
多酚　　　　　　　　酸素

生物

4月 17日

深海魚為什麼不會被水壓扁？

動動腦

❶因為體內的壓力大

❷因為皮膚堅韌

❸因為骨骼能夠不斷再生

越深的海底，承受的壓力越強。

➡ 答案 **1** 深海魚體內，有一股和水壓同樣大小的壓力在往外推。

這就是秘密！

深海魚為了在嚴酷的環境中生活，完成獨特的演化。

①深海的壓力是地面的好幾倍

一般來說，深度超過200m的海底深處就稱為深海。海底承受來自水的重量的壓力（水壓），深200m的深海，水壓是地面的約20倍。

②體內含有空氣的人類，甚至可能會死掉

人類等陸地上的動物，體內含有空氣。氣壓（大氣壓力）比水壓小，所以人類無法承受深海的壓力，內臟會被壓扁。

③體內充滿液體的深海魚

住在深海的魚類稱為深海魚。深海魚的體內充滿了油脂等液體，使身體內側與外側的壓力達到平衡，或是利用堅硬的外殼，保護身體不被水壓傷害。透過這些方式，深海魚得以在海底生活而不被壓扁。

4月 18日

太陽光為什麼很溫暖？

❶因為含有紅外線

❷因為含有紫外線

❸因為含有X射線

➡ 答案 ❶　太陽光裡的紅外線，照射到物體就會變成熱。

紅外線也被用在電視遙控器裡面。

①太陽光裡含有各種各樣的色光

太陽光裡面混和了紅色、綠色、黃色等各種眼睛看得見的色光。這些光混和在一起，就變成偏白的光。

紅外線也被用在暖桌與暖爐呢！

②紅外線照射到物體就會變成熱

太陽光不只含有眼睛看得見的光，還有紅外線與紫外線等眼睛看不見的光。紅外線具有照射到物體就會變成熱的特性，所以照射到太陽光就會覺得溫暖。

③紅外線在宇宙中也能傳遞熱量

熱量一般得靠物體傳導，所以在沒有空氣，也沒有任何東西的宇宙無法傳遞。但是紅外線不是熱而是光，照射到物體才變成熱，所以太陽的熱量可以傳到地球上。

4月 19日

為什麼每個人的血型都不一樣？

其實除了ABO之外，還有其他特殊血型喔！

解決疑問！

紅血球所含的抗原不同，血型也不一樣。

這就是秘密！

①血型來自抗原的不同

一般的ABO血型系統，有A型、B型、O型與AB型4種血型。血型的差異，源自於血液中的紅血球（→P103）所含的抗原不同。

血型取決於紅血球的抗原種類

擁有 A 抗原＝A 型　　擁有 B 抗原＝B 型

擁有 2 種抗原＝AB 型　　沒有抗原＝O 型

②血型在輸血時很重要

身體會排斥自己沒有的抗原，所以不同血型的血液混和在一起，血液就會凝結。因為受傷等原因而需要輸血的時候，為了避免對身體帶來不良影響，會盡量使用相同血型的血液。

③4種血型讓人類不容易滅亡？

雖然不清楚血型分成4種的理由，但有一說認為，為了讓其他血型的人，即使在某種血型的人容易罹患的疾病流行時也能存活下去，所以誕生了4種血型。

4月 20日

氣球可以在天上飛到多高？

？動動腦

❶距離地面80m高

❷距離地面800m高

❸距離地面8000m高

氣球可以飛得比大家想像的還要高！

➡ 答案 ❸ 一般的氣球，在距離地面8000m左右的高度就會破掉。

這就是祕密！

氣球飛得越高，就會膨得越大。

①飛上天的是灌入氦氣的氣球

飄浮在半空中的氣球裡面灌的是「氦」這種氣體。氦比空氣輕，所以氣球能夠飄起來，最後飛走。

②一般的氣球在8000m左右就會破掉

高空的空氣稀薄，氣壓（大氣壓力）較小，所以氣球飛到高空，從氣球內部往外推的力量就會變大。此外，高處的溫度較低，氣球的橡皮也會冰凍變硬，所以一般的氣球在約8000m的高空就會破掉。

③特殊氣球能夠上升到53km的高空

不過，如果是製作得較堅固的特殊氣球，就能上升到更高的地方。日本宇宙航空研究開發機構施放的氣球，曾上升到53km的高空。

輪胎為什麼有溝？

 解決疑問！

水從輪胎的溝排出，就算下雨也不容易打滑。

> 輪胎的溝就是水的通道呢！

這就是秘密！

①如果沒有溝，在下雨的時候就會形成水膜

如果輪胎行駛在下雨時的地面積水上，水就會進入地面與輪胎之間，形成一層薄膜。水膜導致地面與輪胎之間的磨擦力（→P376）變小，輪胎就容易滑動。

> 水從溝排出，不會在路上形成薄膜

因為水膜而滑動　　水排到後方

②有溝就不容易打滑

所以沒有溝的輪胎就會因為水膜而滑動，導致車體打滑。至於有溝的輪胎，水能夠從溝排出，膜就不容易形成，車子就不容易打滑了。

③沒有溝的輪胎在晴朗的日子就不會滑

不過，如果地面乾燥，沒有溝的輪胎與地面接觸的面積大，摩擦力較強，反而比較不容易打滑。

發明

閱讀日期　　月　　日

4月 22日

為什麼電池會有電？

電池的原理是伏特（→P129）想出來的。

解決疑問！

電池利用溶解程度不同的金屬產生電流。

這就是秘密！

金屬溶解形成的電子，往另一邊移動。

①電通過電解液

把鈉或鈣等金屬溶解在水裡，就會產生帶正電的離子。溶入離子的液體稱為「電解液」，能夠讓電流通過。

②溶解在電解液裡的金屬留下電子

容易溶解的金屬溶解在電解液裡時，留下金屬中帶負電的電子（→P391）。將2種金屬用導線連接，就能因為電子移動而產生電流。

③電子與離子結合，電流繼續流動

在另一邊不容易溶解的金屬中移動的電子，與電解液中帶正電的離子結合。所以電子不會累積在不容易溶解的金屬裡，電流就能持續流動。

有機蔬菜是什麼樣的蔬菜？

❶不使用土壤，只種在水裡的蔬菜

❷不使用肥料與農藥的蔬菜

❸不使用化學肥料以及被禁止的農藥的蔬菜

➡ 答案 ❸　滿足肥料與農藥標準的蔬菜，就稱為有機蔬菜。

無農藥蔬菜與有機蔬菜有點不一樣喔！

這就是秘密！

化學肥料與農藥，只要適當使用也不會發生問題。

①使用化學肥料與農藥的一般蔬菜

一般蔬菜會使用由礦物等製成的化學肥料與農藥栽培。但使用過多的化學肥料會使土壤變得貧脊，而使用過多的農藥也會對身體產生不良影響。

②不使用化學肥料與部分農藥的有機蔬菜

有機蔬菜為了避免這些不良影響，在栽培時不使用化學肥料與被禁止的農藥。除此之外，不使用基因改造技術、栽培的田地2年以上不使用化學肥料等，也是有機蔬菜的認證條件。

③使用來自天然材料的肥料與農藥

栽培有機蔬菜時，主要使用動物的糞便與腐敗的植物製成的堆肥。除此之外，也允許使用原料來自天然材料的農藥。

4月 24日

蛇沒有腳為什麼能夠移動？

看來蛇在移動時會扭來扭去，也是有原因的……

解決疑問！

蛇靠著鱗片抓地爬行。

這就是秘密！

蛇的腹部有特殊的鱗片，能夠幫助牠們移動。

①肚子的腹鱗

蛇的身體，覆蓋著細小的鱗片。而覆蓋腹部的寬大鱗片幾乎排成一列，稱為「腹鱗」。

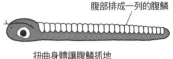

腹部排成一列的腹鱗

扭曲身體讓腹鱗抓地

②利用腹鱗抓地前進

腹鱗的前側鱗片疊在後側鱗片上，所以從頭部往尾部撫摸腹鱗很滑順，但反向撫摸就會覺得卡卡的。蛇靠著身體的動作讓腹鱗抓地，迅速往前移動。

③不同種類的蛇前進方式也不一樣

日本的蛇，譬如蝮蛇，主要靠著伸縮身體的方式讓腹鱗抓地。至於錦蛇，則利用將身體扭曲成S型的方式讓腹鱗抓地。

4月 25日

在外太空聽不到聲音嗎？

？ 動動腦

❶有些地方聽得到，有些地方聽不到

❷聽得到

❸聽不到

➡ 答案 **3** 聲波在沒有空氣的外太空是無法傳遞的。

太空船中有空氣，所以也聽得到聲音。

🔍 這就是秘密！

①聲音的真相是物質的振動

聲音的真相，是透過空氣等物質振動傳遞的波。我們聽聲音時，空氣傳遞的波先振動耳朵裡的「鼓膜」。鼓膜的振動轉換成訊號傳遞到大腦，我們就能感覺到聲音。

②空無一物的宇宙無法傳遞聲音

但宇宙空間是幾乎沒有空氣的真空狀態。沒有能夠傳遞聲音的物質，所以即使發出聲音也聽不到。

③太空人透過無線電與手勢溝通

太空人在太空船以外的地方活動時聽不到聲音，所以彼此透過無線電對話，或是使用手勢指示等進行溝通。

動畫裡在宇宙戰鬥的場景，其實應該是無聲狀態吧……

4月 26日

身體 ♥

為什麼到了晚上會想睡覺？

？ 動動腦

❶因為到了晚上，空氣中的催眠物質就會增加

❷因為身體裡有發揮時鐘作用的機制

❸因為到了晚上外面就會變得安靜

人在早上醒來，在晚上想睡覺，這種生活節奏的背後原理到底是什麼呢？

➡ 答案 ❷ 生理時鐘的機制，讓人到了晚上就會想睡覺。

這就是秘密！

①建立生活節奏的生理時鐘

我們的身體，具備發揮類似時鐘作用的機制，稱為「生理時鐘」。拜生理時鐘之賜，即使不知道時間，也能大致保持著相同的生活節奏。

有些動物也具備能在夜晚活動的生理時鐘。

②到了晚上會分泌讓人想睡覺的物質

生理時鐘在早晨醒來照到陽光之後會重置，接著過了14～16小時會分泌緩和身體作用的物質，所以到了晚上自然就會想睡覺。

③不規則的生活導致身體變差

晚上熬夜到很晚、早上睡到很晚才起床，生理時鐘就會亂掉。這麼一來，大腦與身體的作用就會減弱。

閱讀日期　　　月　日

4月 27日

騎行中的自行車為什麼不會倒下？

解決疑問！

> 自行車騎出去之後，就相當穩定呢！

旋轉的輪胎，發揮了不容易倒的力。

這就是秘密！

①陀螺效應作用在旋轉的物體上

旋轉的物體上，有一股想要維持旋轉方向的力在作用，稱為陀螺效應。旋轉的陀螺之所以不會倒，就是因為陀螺效應作用在陀螺上。

②陀螺效應作用在輪胎上

自行車靠著旋轉的輪胎前進。這時候，陀螺效應就作用在輪胎上，所以比停止的時候更不容易倒。

> 一旦輪胎開始旋轉，姿勢就不容易走樣。

開始轉動的輪胎就不容易倒

腳踩踏板轉動輪胎

③下意識取得平衡

此外，騎士的平衡感也很重要。當自行車快要倒向右邊時，我們就會把龍頭轉向左邊，讓身體傾向左側。我們在騎車時下意識進行這樣的動作，所以騎車時就不容易倒。

4月 28日

閱讀日期　　月　日

為什麼橡皮擦能夠擦掉鉛筆的字？

解決疑問！

製作鉛筆芯的石墨粉，
被橡皮黏起帶走。

黏起石墨的橡皮，就變成了橡皮擦屑。

這就是秘密！

橡皮擦把附著在紙張表面的石墨黏起帶走。

①筆芯的粉卡在紙面凹處，所以能夠寫出字

鉛筆芯由「石墨」這種物質與黏土混和攪拌，經過高溫燒製而成。當筆芯往紙面按壓時，變成粉末的筆芯就會卡在紙面的小凹槽裡，所以能夠寫出字來。

石墨附著在紙張表面　　橡皮擦把石墨黏起帶走

②橡皮將筆芯的粉黏起帶走

橡皮擦具有容易沾附筆芯粉末的性質。所以用橡皮擦摩擦寫在紙上的字，橡皮就會把卡在紙面凹槽裡的粉末黏起帶走，字就會消失。

③色鉛筆的蠟滲進紙面，所以不容易擦掉

至於色鉛筆的筆芯，則含有色彩的原料（顏料）與蠟。用色鉛筆在紙面上寫字時，蠟和顏料一起滲進紙面，所以不容易擦掉。

4月 29日

發明

愛德華・金納

❓ 他是誰？

他研發出安全預防天花的種痘法。

原來這麼厲害！

人們以為注射了牛痘就會變成牛，所以種痘法一直沒有普及。

①天花原本只有危險的預防方法

金納出生於英國的格羅斯特郡。他出生時，天花這種疾病曾多次流行，但那時預防天花只有可能造成死亡的危險方法。

②得過牛痘就不會得到天花！？

當時有一種發生在牛身上的疾病「牛痘」，這種病與天花非常類似。金納成為醫師後，聽說得過牛痘就不會得天花。

③研發出接種牛痘的種痘法

人類即使得了牛痘也不會死亡。於是他試著將牛痘注射在傭人的孩子身上，結果孩子就不會得天花了。這種方法被稱為「種痘法」，是疫苗的先驅，並作為一種安全預防天花的方法普及到全世界。

4月 30日

食物

4月

紅茶與綠茶有什麼不一樣？

> 任何一種茶，都是「茶樹」這種植物的葉子。

解決疑問！

有沒有讓收成的葉子發酵，
茶的種類就會變得不一樣。

這就是秘密！

①不同的加工方式製成不同的茶

紅茶、綠茶、烏龍茶等，無論口味還是顏色都不一樣，但原本都是茶樹的葉子。因為收成後的加工方式不同，讓同樣的葉子變成了不同口味的茶。

> 茶葉的發酵程度，改變了茶的種類。

全發酵

氧氣　　　　半發酵

酵素

綠茶　　　烏龍茶　　　紅茶

②發酵製作的紅茶

紅茶在收成之後會把葉子放一陣子，讓葉子裡的酵素與空氣中的氧氣結合發酵，這麼一來，不只茶的顏色變成褐色，也產生了獨特的風味。

③不發酵的綠茶

綠茶在茶葉收成之後立刻送去蒸，這麼一來就能阻止酵素作用，讓發酵不再進行，享受原本的口味與香氣。至於烏龍茶則讓茶葉稍微發酵，介於紅茶與綠茶之間。

5月

5月 1日

生物

雜草為什麼沒有播種也能生長？

動動腦

其實沒有「雜草」這種植物。不管什麼草都有名字。

❶因為土壤裡面混和了種子與根

❷因為土壤變成了植物

❸因為空氣裡混和了看不見的種子

➡ 答案 **1** 土壤裡面混和了各種植物的種子。

這就是秘密！

不管在哪裡都能長出來，換句話說就是生命力非常強韌。

①土壤裡面殘留了植物的種子與根

土壤裡面混和了許多細小的雜草種子。而且雜草的根部很堅韌，有時候就算被切成小段也不會死去。所以就算把雜草拔除、割除，雜草也能從種子與根部再度長出來。

②種子被搬運到別處發芽

此外，部分雜草的種子，會附著在動物身上，或是被風吹到遠處，在掉落的地方發芽。

③雜草的生命力強

許多雜草的生命力，比我們種植的植物更強大，即使水有點少、日照有點差，也能確實成長。這種強韌的生命力，也是雜草難以除去的其中一項理由。

5月 2日

為什麼會有潮汐？

💡 **解決疑問！**

> 太陽的引力也對潮汐有點影響。

月球的引力作用在地球與海水，引發了潮汐。

🔍 **這就是秘密！**

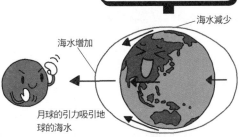

> 月球的強大引力，產生漲退潮的差別。

海水增加

海水減少

月球的引力吸引地球的海水

①作用在各種物體的引力

物體彼此吸引的引力（→P85），在各種物體上發揮作用。尤其太陽、地球、月球之間的引力強大，對漲退潮帶來很大的影響。

②靠近月球這邊與背對月球那邊發生漲潮

月球的引力也作用在海水上。所以靠近月球這邊的海水因為強大的引力而隆起，形成漲潮。而遠離月球的那邊，因為與月球互相吸引旋轉產生的離心力（→P163）也發揮作用，所以水位會上漲。

③海水被吸引到其他位置就發生退潮

至於漲潮與漲潮之間的海，因為海水被吸引到漲潮的地方，導致水位下降，發生退潮。

5月 **3**日

視力不好的人跟視力好的人，有什麼差別？

💡 **解決疑問！**

眼鏡能夠調整光線折射的角度，讓成像落在視網膜上。

視力不好的人，成像沒有確實落在視網膜上。

🔍 **這就是秘密！**

①水晶體讓成像落在視網膜上

黑眼珠裡，有個像透鏡一樣的部位，名為「水晶體」。進入眼睛的光線透過水晶體折射，讓看到的物體成像落在眼球深處的「視網膜」上，我們就能看見東西。

②眼球變形導致成像變得模糊

但如果眼球變長或變短，成像就無法恰到好處落在視網膜上，於是看到的物體就會變得模糊。眼球變長會造成看不清楚遠方物體的近視，變短則會造成看不清楚近處物體的遠視。

近視眼看遠方的物體時，成像會落在視網膜的前方

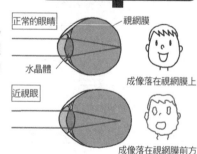

正常的眼睛　　　　視網膜

水晶體

成像落在視網膜上

近視眼

成像落在視網膜前方

③水晶體衰退造成看不清楚物體的老花眼

上了年紀之後，水晶體折射光線的能力也會衰退，這就稱為老花眼，主要症狀是近處的東西看起來會變得模糊。

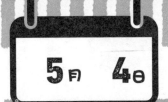

5月 4日

自然

為什麼會有風？

動動腦

如果說波浪是移動的水，風就是移動的空氣。

❶因為氣壓不同造成空氣流動

❷因為人類的呼吸聚集起來形成大規模的氣流

❸因為風從太陽吹過來

➡ 答案 **1** 空氣從氣壓高的地方往氣壓低的地方移動。

這就是秘密！

氣壓的差距越大，越容易颳強風。

①高氣壓與低氣壓

地球上分為氣壓（大氣壓力）低的低氣壓地方與氣壓高的高氣壓地方。風就從高氣壓吹往低氣壓。

②風吹往氣壓低的地方

空氣被加熱會因為變輕而往上升，於是氣壓就因為空氣升到上空而下降，並從周圍的高氣壓吹進空氣。像這樣的空氣移動就是風。

③白天吹海風，晚上吹陸風

靠近山與海的地方，氣壓容易發生變化，所以容易颳風。譬如在沿海地區，因為陸地的溫度變化幅度比海洋大，白天就從海洋往容易變熱的陸地吹海風，夜晚則從容易降溫的陸地往海洋吹陸風。

5月 5日

會飛的氣球跟不會飛的氣球有什麼差別？

5月

解決疑問！

比氦輕的氣體只有氫。

會飛的氣球裡灌的是氦氣。

這就是秘密！

①自己吹的氣球不會飛

店裡買來的氣球會輕飄飄地飄在空中，手一放開就會飛走。但是自己吹的氣球幾乎不會飛。兩者的差別就在於灌進去的氣體。

②會飛的氣球灌進去的是氦氣

店裡買的氣球，灌進去的是「氦」這種氣體。氦幾乎比所有的氣體輕，所以灌進氦氣的氣球，比空氣更容易往上飄。

氦比空氣輕，灌氦的氣球比空氣更容易往上飄。

空氣……重
氣球……不會飄起來
Air

氦氣……輕
氣球……會飄起來
He

③吹進空氣的氣球不會飛

我們用嘴巴吹氣球時吹進去的是空氣。氣球與周圍的空氣一樣重，所以不會飛上天。不過，空氣加熱會變輕，所以把吹進空氣的氣球加熱也會飄起來。

喬治・史蒂文生

？ 他是誰？

他年輕的時候很窮，直到18歲前都沒有接受過教育。

全世界第一個製造出具實用性的蒸汽火車的人

原來這麼厲害！

使用火的燈具，可能會使礦坑內的氣體引燃爆炸。

① 他為了礦工發明安全的照明

史蒂文生出生於英國的維拉姆，家裡非常貧窮，所以他邊在礦坑工作邊學習，並且為了在礦坑工作的人，發明了安全的照明。

② 世界最早的大眾運輸用蒸汽火車

他同時也從事蒸汽火車的研究。當時的蒸汽火車經常故障，多半不具備實用性，所以他改良蒸汽機（→P114）與車輪，成功製造出具實用性的蒸汽火車。

③ 世界最早的大眾運輸用蒸汽火車

後來，世界上第一輛載運乘客的蒸汽火車在1925年運行。接著利物浦和曼徹斯特鐵路在1930年通車，這也是全世界最早由蒸汽火車行駛的大眾運輸鐵路。

食物

| 5月 7日 | 閱讀日期　　月　日 |

香蕉的黑點是什麼？

動動腦

❶外皮的成分產生變化

❷外皮發霉的部分

❸香蕉的種子

黑點就是賣得好的證據！

➡ 答案 ❶ 香蕉的黑點是外皮所含的多酚成分變黑。

這就是秘密！

剛買來的綠色香蕉還沒熟，要等到出現黑點才好吃！

①香蕉皮含有多酚

香蕉皮中含有多酚這種物質。多酚具有與空氣中的氧氣結合氧化，就會變成褐色的性質。

②過了一段時間，多酚就會氧化

香蕉只要放著，外皮中的多酚就會逐漸氧化，所以隨著時間經過，外皮表面的黑點會變得越來越多，顏色也越來越深。

③有黑點代表香蕉夠甜

香蕉果肉所含的澱粉，也具有隨著時間轉化成糖分的性質。所以外皮的黑點，就是告訴我們香蕉已經夠甜的證明，因此黑點也被稱為「糖斑」。

植物的葉子為什麼是綠色的？

 解決疑問！

植物的葉子，含有許多行光合作用需要的綠色素。

綠色是光合作用不可或缺的色素。

 **這就是秘密！**

葉子的顏色，隨著依季節變化的色素量而改變。

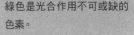

①葉子的顏色與光合作用有關

植物在葉子的「葉綠體」進行使用光能量製造養分的光合作用。葉綠體含有吸收光的色素「葉綠素」，這種色素是綠色的，所以葉子看起來呈現綠色。

②色素到了秋天產生變化，轉變成黃色

到了秋天，銀杏等樹木的葉子從綠色變成黃色。這是因為葉綠素分解，葉子原本就含有的黃色色素「葉黃素」於是變得明顯。

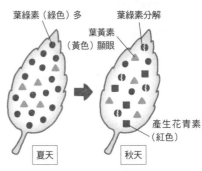

葉綠素（綠色）多　　　葉綠素分解

葉黃素（黃色）顯眼

產生花青素（紅色）

夏天　　　秋天

③葉子製造紅色色素就變成紅色

還有一些植物的葉子，到了秋天就會變成紅色。這是因為在葉綠素分解的同時，葉子也重新製造出花青素這種紅色色素。

宇宙・地球

閱讀日期　　月　日

5月 9日

指北針為什麼會指向北方？

動動腦

❶因為裡面裝著能讓指針指向北方的機器

❷因為指針受北極星吸引

❸因為地球就像個磁鐵

➡ 答案 ❸ 地球像是個大磁鐵，所以指針被地球吸引。

指北針也是磁鐵做成的喔！

這就是秘密！

N是North（北），S是South（南），代表指示的方向。

①地球是個大磁鐵

液體的鐵在地球內部的外核（→P109）以螺旋方式流動。鐵的流動產生電，而電創造出磁性，所以地球就像大磁鐵。S極在北極，N極在南極。

②指北針的指針也是磁鐵

另一方面，指北針的針也是磁鐵做的。所以針的N極被北極的S極吸引，針的S極被南極的N極吸引，才會分別指向南北。

③地球的N極與S極會移動

但地球的N極與S極，並不是在南極點與北極點的正上方。舉例來說，北極的S極（磁北極）距離北極點好幾百公里，而且經常移動。

5月 10日

骨折為什麼能夠治好？

 解決疑問！

骨骼細胞的作用，把骨折治好了。

舊的骨骼斷掉，長出新的骨骼。

🔍 **這就是秘密！**

血液運來養分，細胞使用養分製造骨骼。

①血液堆積在骨折的地方

骨骼就和身體的其他部分一樣，裡面有許多血管通過，血液來來去去。骨折時這些血管也會斷掉，折斷的地方周圍就會腫起來。

②長出軟骨

只要不移動折斷的部分，就會長出新的血管。血管使用養分長出軟骨，把折斷的骨頭接起來。

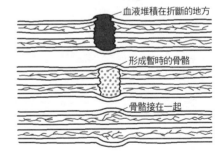

血液堆積在折斷的地方

形成暫時的骨骼

骨骼接在一起

③新的骨頭長出來

隨著時間經過，軟骨逐漸變硬，同時，蝕骨細胞破壞舊的骨骼，造骨細胞製造新的骨骼，將骨折治好。骨折復原的時間大約需要1～3個月。

自然

5月 11日

為什麼在山上大喊，聲音會不斷傳回來？

5月

💡 解決疑問！

以前的人以為回音是妖怪的把戲。

因為反彈的聲音從不同的山先後傳回來。

🔍 這就是秘密！

聲音分別從距離不同的山傳回來。

①聲音反彈回來的山谷回聲

在山上大喊「喂」之類的，聲音就會不斷地傳回來。這樣的現象稱為山谷回聲，由聲音碰到物體就會反彈的性質造成。

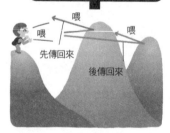

喂

喂　先傳回來

喂　後傳回來

②聲音反彈回來的時間隨著距離而改變

在周圍有許多山的地方大喊，聲音就會被不同的山反彈回來。而聲音反彈回來的時間，會隨著我們與山的距離而改變。

③聲音通過的距離越短，傳回來的速度越快

音速是固定的，秒速大約340m，所以聲音如果從較近的山傳回來，立刻就能聽到，但從較遠的山傳回來，就要過比較久才能聽到。這樣的時間差，讓人能夠不斷地聽到山谷回聲。

5月 12日

物品的原理

閱讀日期　　月　日

為什麼會塞車？

 動動腦

❶ 因為車子在某些路段加速

❷ 因為車子在某些路段減速

❸ 因為交通事故阻擋車流，造成塞車

➡ 答案　**2**　車子在上坡與轉彎等路段減速而導致塞車。

這個時代，不塞車似乎很困難呢！

 這就是秘密！

塞車也會排出多餘的二氧化碳，所以要盡量推動減少塞車的對策。

① 發生在上坡的塞車

車子在遇到上坡時會稍微減速。但多數駕駛都沒有意識到這點，所以只有這個路段的車流變慢，於是就形成塞車。

② 急轉彎與隧道入口也會發生

急轉彎、隧道入口、因為施工而使得道路變得狹窄的路段，也是容易發生塞車的地方。車子在這些路段必須減速，所以就塞車了。

③ 想要變換車道會讓塞車更嚴重

塞車的時候，駕駛就會想要移動到空的車道。但如果許多車輛都想要變換車道，後面的車子就必須停下來，反而會使塞車變得更嚴重。

5月 13日

發明

麥可‧法拉第

？ 他是誰？

即使無法去上學，依然持續對化學抱持著熱情。

他發現了發電機等工具不可缺少的電磁感應定律。

原來這麼厲害！

他在皇家科學研究院的演講也很投入，給小朋友看的聖誕公演得到很高的評價！

①費盡千辛萬苦進入一流研究所

法拉第出生於英國倫敦。他的家境並不富裕，也幾乎沒有去上學，但是他透過書本與演講學習，開始在皇家科學研究所工作。

②發現電磁感應

他後來成為皇家科學研究所的正式會員，發現在導線附近移動磁鐵，導線就會有電流流過。這樣的作用就稱為電磁感應。

③電器不可缺少的電磁感應

電磁感應是電器不可缺少的作用，被應用在喇叭與發電機等許多裝置上。因為這項貢獻，用來呈現能夠儲存多少電的單位，就命名為F（法拉第）。

5月 14日

冰箱裡的東西不會壞嗎？

 解決疑問！

冰箱裡的食物，最好盡快吃掉。

冰箱裡的東西雖然不容易壞，但不代表不會壞。

這就是秘密！

微生物在冰箱也會持續活動，所以食物仍然會腐敗。

①溫度變低，微生物的活動力就會降低

食物因為微生物的作用而腐敗。溫度變低，微生物的活動力也會跟著降低，到了負12℃以下，微生物就幾乎不活動了。

②微生物在冷藏室的溫度下能夠活動

冰箱的冷藏室大約3～7℃，所以微生物在冷藏室裡的活動力雖然會降低，但並不是完全無法活動。所以食物還是會逐漸腐敗。

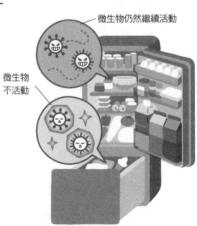

微生物仍然繼續活動

微生物不活動

③微生物在冷凍庫就無法活動

至於冷凍庫的溫度為負18℃，所以冷凍也不會變難吃的食物，放進冷凍庫裡，能夠比放進冷藏室裡保存得更久。

5月 15日

動物

牛只吃草不會營養不良嗎?

💡 **解決疑問!**

草的纖維比肉更堅韌呢!

多虧了體內的微生物,牛只吃草也能攝取充足的營養。

🔍 **這就是秘密!**

①人類需要植物以外的食物

我們人類無法將植物的纖維消化轉換成養分,所以除了植物之外,還需要吃肉、吃飯,否則會營養不良。

②牛擁有分解植物的微生物

至於牛之類的草食動物,胃裡面住著分解植物、製造養分的微生物。所以牛即使只吃草,也能攝取充足的養分。

③把植物與微生物一起消化、吸收

牛靠著4個胃,耗費很多時間消化植物。

第一胃

微生物分解植物

第三胃

第二胃

第四胃

不過,即使借用微生物的力量,消化還是很花時間,所以草食動物的腸胃,需要耗費比肉食動物更多的時間消化。牛就像這樣把分解的植物與微生物本身一起消化、吸收進身體裡,藉此攝取養分。

5月 16日

白天的時候，星星在哪裡？

❓ 動動腦

❶ 移動到地球背面

❷ 消失了

❸ 和晚上一樣高掛在天空上

➡ 答案 ❸ 雖然星星白天也高掛在天空，但是因為天空太亮了所以看不到。

🔍 這就是秘密！

靠近地球的月亮比較亮，有時白天也看得到喔！

①星星之間的位置關係沒有改變

地球像陀螺一樣自轉，所以夜空中的星星，看起來就像從東邊的天空往西邊的天空移動。但實際上從地球看到的星星，彼此之間的位置關係沒有改變。

②星星白天也高掛在天上

天空中的星星，白天也同樣高掛在天空，位置關係也沒有改變。只不過，白天的太陽太亮了，就連晚上看起來明亮的星星，也與天空融為一體。

③不同季節看到的星星也不一樣

因為地球繞著太陽公轉，所以在相同時刻、相同方位看見的星星，會隨著季節而改變。所以即使現在因為出現在天空的時間是白天而看不到的星星，幾個月以後也能在夜晚的天空看到。

5月 17日

身體 ♥

為什麼會流淚？

動動腦

❶為了清潔眼睛的表面

❷為了讓眼睛閃閃發亮

❸為了能夠清楚看見遠方

➡ 答案 **1** 眼淚是為了去除眼睛裡的髒汙。

眼淚總是覆蓋在眼睛的表面。

 這就是秘密！

眼淚的量減少，就會變成乾眼症，可能導致眼睛受傷。

①眼淚的作用是保護眼睛

眼淚在眼瞼內側的淚腺形成。淚腺隨時製造眼淚，一點一點地釋出到眼睛表面。這些眼淚能夠沖走附著在眼睛表面的小髒汙，防止眼睛表面乾燥。

②眨眼能讓眼淚分布均勻

眼睛打開又閉上的眨眼動作，讓眼淚均勻分布到眼睛表面。人類透過1分鐘約20次的眨眼，讓淚水形成的膜隨時覆蓋在眼睛上，藉此保護眼睛。

③因為情緒而流出的淚水

淚腺對於神經的作用非常敏感。所以不甘心、難過等神經作用變得活躍的時候，眼睛就會流出淚水。

自然

5月 18日

為什麼雲霄飛車就算轉360度人也不會掉下來?

 解決疑問!

只要把裝著水的水桶甩一圈,就能知道什麼是離心力了。

離心力作用在雲霄飛車上。

這就是秘密!

①人不會掉下來是因為離心力

地球上的物體,總是受到重力(→P34)作用。但是雲霄飛車就算轉一圈,坐在上面的人也不會掉下來。這是因為離心力發揮作用。

②離心力與重力抵銷

如畫圓一般運動(圓周運動)的物體,

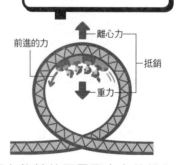

就算倒過來,離心力依然往軌道的方向作用

離心力
前進的力
抵銷
重力

受到往外的離心力作用。換句話說,作用在旋轉的雲霄飛車上的離心力,與重力抵銷,所以人不會掉下來。

③離心力隨著速度改變

但是離心力的大小,隨著物體移動的速度改變。所以雲霄飛車的速度如果變慢,導致離心力不足以抵銷重力,人就會掉下來。

閱讀日期　　月　日

5月 19日

濕紙巾的液體主要成分是什麼？

❶水

❷茶

❸洗潔劑

➡ 答案 ❶ 除了水之外，還含有酒精與防腐劑。

想像用濕紙巾擦手就像洗手一樣，就懂啦！

這就是秘密！

①含有液體的濕紙巾

濕紙巾是一種用來擦拭身體與周遭物品，去除髒汙的用品。濕紙巾含有主要成分是水的液體，能隨時保持潮濕。

因為含有液體，所以紙質比一般的面紙更堅韌。

②含有去除髒汙的成分

濕紙巾所含的液體，含有去除油脂成分的酒精、避免黴菌與細菌等微生物增加的防腐劑、防止皮膚乾燥的保溼劑等。有些產品也含有擦拭之後會覺得清爽的成分。

③使用密閉性高的容器防止乾燥

一般的溼紙巾會隨著時間經過而乾燥，變得不好擦。所以大多數的溼紙巾都裝在塑膠製成的密閉容器裡。

5月 20日

為什麼馬達會轉？

解決疑問！

最早製造出馬達的人是法拉（→P158）。

馬達使用的是電流通過導線所產生的電磁力。

這就是秘密！

①電流通過磁鐵附近產生電磁力

電流通過磁鐵附近的導線，與磁力方向垂直的力就會作用在導線上。這股力稱為電磁力。如果電流的方向相反，電磁力的方向也會反過來。

②線圈與磁鐵製成的馬達

馬達裡面裝有線圈，而線圈外側安裝著磁鐵。電流通過線圈，線圈的右側與左側就會產生方向相反的電磁力，帶動線圈旋轉。

③線圈持續朝著相同的方向旋轉

但如果不改變電流方向，線圈轉半圈之後，就會反方向轉回來，所以馬達每轉半圈，就要改變通過線圈的電流方向。這麼一來，就能一直產生相同方向的電磁力，馬達就能持續旋轉。

改變電流方向，產生讓線圈持續旋轉的電磁力。

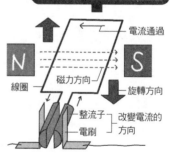

電流通過
N　S
磁力方向
線圈
旋轉方向
整流子
電刷　改變電流的方向

5月 21日

食物

喝太多牛奶會拉肚子嗎？

5月

💡 解決疑問！

從小持續喝，就不容易拉肚子了。

如果消化酵素少，就容易肚子痛。

🔍 這就是秘密！

長大之後無法分解乳糖，所以就容易拉肚子

乳糖

乳糖酵素多　乳糖酵素少

①被乳糖酵素消化的乳糖

牛奶含有乳醣成分。小腸的消化酵素「乳糖酵素」能夠消化乳糖，使身體吸收。

②有些人的乳糖酵素變少了

人類在嬰兒時期體內含有許多乳糖酵素，所以就算喝很多牛奶也能全部消化。但乳糖酵素的量隨著人類的成長而減少，如果喝太多牛奶就會來不及消化，導致肚子痛。

③日本人的胃腸不好！？

日本人在明治時期（大約19世紀中）之前幾乎不喝牛奶，所以與從以前就大量飲用、食用乳製品的歐洲人相比，乳糖酵素減少的人也比較多。

蜜蜂為什麼會產蜜？

動動腦

❶為了當成食物
❷為了給人類吃
❸為了給熊吃

蜜蜂採的花不同，也會影響蜂蜜的風味。

➡ 答案　**1**　蜜蜂靠著吃由花蜜製成的蜂蜜維生。

這就是秘密！

只有女王蜂的幼蟲，才能吃「蜂王乳」這種特別的食物長大。

①花蜜被儲存起來，轉變成蜂蜜

蜂蜜由蜜蜂製造。蜜蜂採集花蜜製造蜂蜜，但如果只是把花蜜收集起來，不會變成蜂蜜。花蜜還需要蜜蜂唾液的酵素，才能轉變為蜂蜜。

②蜂蜜容易被身體吸收

花蜜的組成幾乎是糖分，蜂蜜含有大量由這些糖分分解成的，更細小的葡萄糖與果糖，所以容易被身體吸收。

③蜜蜂用富含養分的蜂蜜培育幼蟲

蜂蜜除了糖分之外，還含有維生素等許多有益健康的成分。蜜蜂就使用富含養分的蜂蜜培育幼蟲。

5月 23日

星星為什麼會一閃一閃？

5月

 動動腦

❶因為星星的光會閃
❷因為地球的空氣會晃動
❸因為月亮遮蔽星光

➡ 答案 **2** 溫度與密度不同的空氣晃動，讓星光看起來閃爍。

星星會閃的現象就稱為「閃爍」。

這就是秘密！

就像太陽持續發光，星星本身的光也沒有改變。

①空氣的晃動讓星星看起來會閃

光具有遇到空氣就會轉彎的性質，而轉彎的角度受到空氣的溫度與密度影響。地球覆蓋著一層厚厚的空氣，空氣的晃動改變光線轉彎的角度，讓星星看起來會一閃一閃的。

②星星的閃爍由西風造成

日本的星星之所以會閃爍，主要是因為上空總是吹著強烈的「西風」，導致氣流大幅晃動。

③星星的閃爍妨礙觀測！？

地表因為星星閃爍而難以觀測其樣貌，所以多數的天文台都設在高山上。最近為了避免受到空氣影響，也會使用發射到宇宙的望遠鏡觀測。

5月 24日

大便為什麼會臭？

❓ 動動腦

❶因為食物裡混入了發臭的氣體

❷因為細菌製造出發臭的氣體

❸因為腸胃排出發臭的氣體

腸子裡面其實住著許多細菌。

➡ 答案 **2** 細菌製造的氣體，讓大便發臭。

🔍 這就是秘密！

①細菌分解食物的殘渣

我們在食物通過腸胃時，把食物消化成黏稠狀，將養分吸收進身體裡。食物的水分也被榨出來，剩下的殘渣由住在腸內的細菌分解成碎片，轉變成大便。

②大便約80%是水分

大便中不只含有食物殘渣，還有約80%的水分，剩下的20%是食物的殘渣與細菌，以及剝除的腸細胞。

③細菌製造發臭的氣體

細菌分解食物，製造出氣體

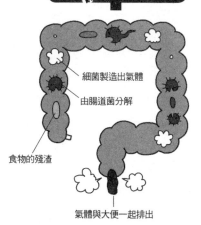

細菌製造出氣體

由腸道菌分解

食物的殘渣

氣體與大便一起排出

細菌在分解食物殘渣時，製造出吲哚、糞臭素、硫化氫等發臭的氣體。大便之所以會發臭，就是因為這些氣體的關係。

閱讀日期　　　月　　日

5月 25日

水會導電嗎？

動動腦

❶有會導電的水與不會導電的水

❷會導電

❸不會導電

如果打雷落到海裡，魚會發生什麼事呢？

➡ 答案 **1** 純水不導電，但鹽水就會導電。

這就是秘密！

自來水裡面混和了許多物質，所以能夠導電喔！

①物質平常不帶電

形成物質的原子（→P312），含有帶正電的原子核與帶負電的電子。許多物質的正電與負電互相抵消，所以不帶電。

②含有離子的液體會導電

但物質溶解在液體裡的時候，帶負電的粒子（負離子）與帶正電的粒子（正離子）有時候會分開。離子能夠運送電，所以含有離子的液體就會導電。

③純水不導電，但鹽水會導電

沒有混和任何物質的水，因為沒有離子，所以幾乎不會導電。但如果是鹽水，溶在水裡的鹽分形成離子，於是就會導電。

物品的原理

5月 26日

熊斗為什麼能夠燙平皺褶？

解決疑問！

燙衣服雖然重要，但每天燙也很辛苦呢……

燙過的衣服纖維會以排列整齊的狀態結合。

這就是秘密！

①衣服的布料由細長的纖維組成

衣服的布料由纖維聚集在一起組成，排列整齊的分子在纖維裡面彼此結合。衣服洗過之後，分子的結合鬆開，衣服就會變成鬆垮的狀態。

②分子沒有排列整齊就會形成皺褶

燙衣服能使亂七八糟的纖維變整齊

纖維亂七八糟　　　　　纖維整齊地結合

分子鬆開的衣服如果直接晾乾，分子就會在沒有排列整齊的狀態下結合，所以就會形成皺褶。

③熨燙能讓分子以整齊的狀態結合

加熱能使分子振動，如果在這個狀態下使用重物加壓，分子就能以排列整齊的狀態結合。所以熨斗能夠把皺褶燙平。

5月 27日

發電機為什麼能夠發電？

動動腦

❶因為發生電磁感應現象

❷因為發生共鳴現象

❸因為發生結晶現象

發電機的結構與馬達非常相似。

➡ 答案　**1**　發電機透過旋轉產生電磁感應，所以能夠發電。

這就是秘密！

轉動線圈就能發電的機制，從以前就持續使用至今，幾乎沒有改變。

①馬達靠著電磁力轉動

電流通過磁鐵附近的導線，或導線捲成的線圈就會產生電磁力，使線圈轉動。馬達就因為運用了這股電磁力而能夠旋轉。

②發電機利用與馬達相反的作用產生電力

發電機的原理與馬達相反，在磁鐵附近轉動線圈，就會產生電力。而這種在磁鐵附近轉動線圈，電流就會通過的現象稱為電磁感應，這是由法拉第（→P158）想出來的定律。發電機就利用電磁感應產生電力。

③馬達也能發電！？

馬達雖然與發電機的原理完全相反，但內部結構幾乎相同。因此，就算是工務用的小馬達，只要轉動軸心，也會有些微的電流通過。

5月 28日

食物

罐頭為什麼不會壞？

💡 **解決疑問！**

罐頭可不是只把食物裝進罐子裡。

罐頭因為加熱殺死黴菌與細菌，所以能夠長期保存。

🔍 **這就是秘密！**

罐頭利用密封的方式，抑制空氣中微生物的影響。

①被黴菌或細菌附著就會壞掉

食物會腐敗，是因為懸浮在空氣中的黴菌與細菌附著，將食物分解的緣故。此外，食物與空氣中的氧氣結合氧化，也會導致口味變差。

受到微生物影響而腐敗

微生物無法進入

②加熱殺死黴菌與細菌

使用機器裝罐避免空氣進入，並且確實加蓋密封。接著透過加熱，將封在裡面的黴菌與細菌殺死，所以罐頭既不會腐敗也不會氧化，可以長久保存。

③小心損傷或破洞的罐頭

據說罐頭即使過期1年，吃起來依然美味，但是在開來吃之前，要仔細檢查罐頭有沒有損傷或破洞。

5月 29日

孔雀的羽毛為什麼那麼漂亮?

5月

💡 **解決疑問!**

> 羽毛看起來很像排在一起的眼珠,母孔雀不會被嚇到嗎?

公孔雀使用美麗的羽毛,向母孔雀求婚。

🔍 **這就是秘密!**

①展現給母孔雀看的飾羽

孔雀漂亮的羽毛稱為飾羽,是從腰部的羽毛變化而來。只有公孔雀擁有飾羽,母孔雀則沒有。因為飾羽是公孔雀向母孔雀展現自己的工具。

②求婚時把飾羽展開

公孔雀在喜歡的母孔雀靠近時,會把平常疊合起來的飾羽張到最開,大幅度搖晃,向母孔雀求婚。如果母孔雀也喜歡這隻公孔雀,牠們就配對成功。

> 飾羽越漂亮的公孔雀,越受母孔雀喜愛

把飾羽張開,展現自己的魅力。

母孔雀 ── 公孔雀

③飾羽在季節過後就會消失

不過,飾羽只有在春天到初夏才會長齊。當繁殖的季節結束,飾羽就會掉落。

5月 30日

飛機能夠飛到外太空嗎?

❶能夠飛到月球

❷能夠飛到太空站

❸不能飛到外太空

飛機飛行需要空氣喔!

➡ 答案 ❸　飛機無法飛到沒有空氣的外太空。

這就是秘密!

①在沒有空氣與氧氣的環境火箭也能飛

火箭利用火箭引擎燃燒燃料,噴出氣體飛行。而火箭除了燃料之外,也裝載了氧氣與製造氧氣的裝置,所以能夠飛到沒有空氣的宇宙。

在沒有空氣的太空中飛行,需要與地球不同的引擎……

②飛機的引擎沒有空氣就動不了

飛機主要使用噴射引擎前進。噴射引擎的原理是利用從前方吸入的空氣與燃料混和燃燒,再從後方噴出氣體,所以在沒有空氣的地方就無法移動。

③沒有空氣就飛不起來!?

此外,飛機的機翼利用空氣產生向上飛的浮力,所以在沒有空氣的地方也飛不起來。

5月 31日

身體 ♥

為什麼小便的顏色有時候會變深?

動動腦

❶因為光線不同,所以看起來比較深

❷因為水分的量減少

❸因為混和了茶與柳橙汁

人類的小便,約98%是水。

➡ 答案 **2** 水分減少,小便就會變濃,顏色也跟著變深。

這就是秘密!

①各種物質被過濾出來形成小便

各種器官在體內活動時,也會產生不需要的物質。這些多餘的物質由血液運送到腎臟濾出,與水分一起成為小便排出體外。

如果顏色只有一點差異,就是水分調節的結果,不需要擔心。

②黃色是膽紅素的顏色

正常的小便呈現淡黃色。小便含有從老舊血液過濾出來的「膽紅素」這種物質,而小便的顏色主要就來自膽紅素。

③水分少顏色就會變深

身體的水分如果不足,小便排出的水分就會減少,所以小便中膽紅素的比例就會增加,黃色也會變得比較深。

6月

6月 1日

為什麼梅雨季會一直下雨？

❓ 動動腦

❶因為被冷空氣壟罩

❷因為被暖空氣壟罩

❸因為冷空氣與暖空氣交會

➡ 答案 ❸ 兩種空氣的交會處容易下雨。

空氣的移動狀況，也會讓某些年份沒有梅雨。

🔍 這就是秘密！

秋天也同樣會形成兩種空氣的交會處。這時稱為秋雨。

①空氣的交會處

春天以前的上空被乾冷的空氣壟罩。然而，到了5~6月，南邊海上的濕熱空氣勢力增強，這兩種空氣的交會處，就形成梅雨鋒面。

②容易下雨的鋒面滯留

冷暖空氣的交會處稱為鋒面。鋒面所在之處，濕熱的空氣被冷卻，所以變得容易下雨。梅雨季期間鋒面滯留，所以雨會下個不停。

③暖空氣壟罩時就變成夏天

梅雨即將結束時，暖空氣的勢力增強，把冷空氣趕到北方。這時梅雨季結束，而被暖氣團壟罩的地方就變成夏天。

物品的原理

閱讀日期　　　月　　日

6月 2日

為什麼在店裡「嗶」一下就會出現價錢？

條碼就只是把文字或數字轉換成符號罷了！

解決疑問！

商品上貼著或印著含有商品資訊的條碼。

這就是秘密！

①顯示價格的條碼

多數在店裡販賣的商品，都貼著或印著黑白條紋。「嗶」就是店員用掃描器讀取條紋的聲音。這些條紋稱為「條碼」。

②條碼裡面寫進了各種資訊

條碼由細黑線、粗黑線、線與線之間的白色部分組成。這些線條的組合，顯示關於商品價格、製造商等資訊的13位數字。

③可以知道哪些商品暢銷

使用條碼的優點不只方便結帳，也便於管理商品，可以知道什麼樣的商品，在什麼時候、什麼地方賣得比較好。

掃描器讀取的線條代表數字

這本書的條碼

9789862896891

代表這是書籍的條碼

代表國家、出版社等資訊的ISBN碼

6月 3日

發明

田中久重

他是誰？

機關人偶使用了數量驚人的零件。

他製作了能夠寫字的精密機關人偶。

原來這麼厲害！

①他被稱為「機關儀右衛門」

田中久重出生於現在的日本福岡縣。他從年輕時就發揮製作機關人偶的才華，製作了「拉弓童子」「寫字人偶」等傑作。他的才華大受好評，於是人們稱呼他為「機關儀右衛門」。

②發明各式各樣的機械

後來他移居到大阪，發明了使用燈油就能持續發光的「無盡燈」，還有能夠配合當時每個小時都不一樣長的時間顯示器「萬年鐘」。

③創辦的公司成為日本具代表性的電子大廠前身

到了明治時代，他移居東京，成立了製造電報機的公司。這間公司在田中久重死後也持續發展，成為電子大廠「東芝」的前身。

一定週期就會反轉的「蟲齒輪」，實現了萬年鐘的原理

萬年鐘的內部

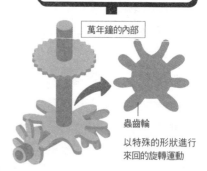

蟲齒輪
以特殊的形狀進行來回的旋轉運動

食物

6月 4日

溫泉蛋和半熟蛋一樣嗎？

❓ 動動腦

❶一樣
❷使用的蛋種類不一樣
❸蛋煮熟的部位不一樣

半熟蛋半熟的部分是蛋黃，溫泉蛋半熟的則是蛋白。

➡ 答案 ❸ 溫泉蛋用較低的溫度煮，所以只有蛋黃煮熟。

🔍 這就是秘密！

溫度不同，先煮熟的部分也不一樣。

①只有蛋黃煮熟的溫泉蛋

一般來說，半熟蛋只有蛋白煮熟，蛋黃則是半熟。至於溫泉蛋則與半熟蛋相反，只有蛋黃煮熟，蛋白則是半熟。

②高溫水煮而成的半熟蛋

用較高的溫度煮蛋，熱量從外部傳導到內部，外側的蛋白會先煮熟。所以在熱量傳導到內部之前撈起，就會變成蛋黃半熟的半熟蛋。

③用低於80℃的溫度煮就會變成溫泉蛋

蛋黃煮熟的溫度約70℃，蛋白約80℃。一般的溫泉蛋，使用較低的溫度水煮，水溫不會超過80℃，所以只有蛋黃會煮熟。

6月 5日

花的顏色為什麼那麼漂亮？

 **動動腦**

花朵吸引動物，是為了請動物幫它們達成某項重要目的。

❶為了吸引小狗

❷為了吸引人類

❸為了吸引昆蟲

➡ 答案 ❸ 花朵為了繁殖，需要昆蟲的力量。

 這就是秘密！

蜜蜂與蝴蝶前來吸取花蜜，對花朵而言可是好處多多。

①花朵透過授粉長出種子

花朵有雄蕊與雌蕊，雄蕊的尖端附著花粉，把這些花粉沾附到雌蕊上稱為「授粉」。雌蕊中的胚珠，經過授粉就會變成種子。

②透過昆蟲搬運的花粉授粉

許多花朵無法靠自己的力量將花粉沾附到雌蕊上，所以先將花粉沾附到前來吸花蜜的昆蟲身上，透過昆蟲在花叢中移動、飛到其他花朵上等搬運花粉。

③用漂亮的顏色吸引昆蟲

花朵為了吸引搬運花粉的昆蟲，散發出甜美的香味、分泌香甜的花蜜，而色彩鮮艷的花瓣也被認為是一種吸引昆蟲的手段。

6月

種子植物

重要單字

知道這些就能懂！
3POINT

後來成為種子的胚珠包在子房中的是被子植物，裸露在外面的是裸子植物。

❶會長出種子的植物就叫做「種子植物」

❷種子植物分成裸子植物與被子植物

❸花粉附著在雌蕊或胚珠形成種子

雖然被子植物與裸子植物都需要花粉才能長出種子，但兩者的結構卻不一樣。

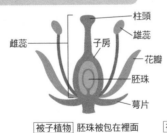

柱頭

雄蕊

雌蕊

子房

胚珠

花瓣

胚珠

萼片

被子植物 胚珠被包在裡面　　裸子植物 胚珠裸露在外面

被子植物在很久以前由裸子植物演化而來，但現在被子植物的種類反而比較多。

隨著地球的環境大幅度改變，不管是動物還是植物，都為了生存而逐漸改變形態。

隼鳥號是去調查什麼？

 動動腦

這在日本的宇宙研究領域也是重要的貢獻喔！

❶ 小行星的狀況

❷ 宇宙盡頭的狀況

❸ 月球的背面

➡ 答案　❶　隼鳥號是去調查糸川小行星（小行星25143）的狀況，並且把小行星表面的粒子帶回來。

 這就是秘密！

隼鳥號結束來回60億km的旅行，回到地球了。

①隼鳥號的目標是糸川小行星

我們雖然發現了許多環繞太陽的小行星，卻對它們狀況不太清楚。2003年發射的小行星探測船隼鳥號，就是為了調查糸川小行星的狀況。

②首度帶回小行星的粒子

過去的小行星探測船，只透過無線電將觀測的影像等資料傳回地球，本體並沒有回來。而隼鳥號則成功在糸川小行星上著陸，並帶回粒子。

③隼鳥2號也回到地球

全世界目前也仍在分析隼鳥號帶回的粒子。而全新的探測船隼鳥2號，也結束了龍宮小行星的探查，在2020年回到地球。

為什麼耳朵聽得到聲音？

💡 解決疑問！

鼓膜的振動，傳到了耳朵深處喔！

耳朵的鼓膜振動，把聲音轉換成電子訊號傳給大腦。

🔍 這就是秘密！

鼓膜的振動經由聽小骨傳到耳蝸，再由耳蝸神經傳到大腦。

聽小骨
耳蝸
鼓膜
耳蝸神經
耳咽管

①耳朵與大腦連接

耳孔深處，有著名為「鼓膜」的薄膜。鼓膜的內側有一小塊叫做「聽小骨」的骨頭，聽小骨與螺旋狀的器官「耳蝸」連結，而耳蝸透過耳蝸神經連接到大腦。

②聲音由聽神經轉換成電子訊號

空氣振動的聲音傳到鼓膜，鼓膜振動聽小骨，傳到耳蝸。於是耳蝸中的淋巴液也跟著振動，這樣的振動轉換成電子訊號傳到大腦，我們就能聽到聲音。

③透過兩邊的耳朵判斷聲音的方向

耳朵的形狀是為了大範圍接收聲音。此外，我們也能透過左右耳接收到的聲音的差異，判斷聲音的方向。

6月 8日

荷葉上的水滴為什麼是圓的？

💡 **解決疑問！**

生活周遭也能觀察到驚人的原理呢！

荷葉表面具有容易把水彈開的性質，所以水滴會變成圓形。

🔍 **這就是秘密！**

①把水彈開的「荷葉效應」

荷葉表面有許多看不見的微小凹凸，覆蓋著一層像蠟一樣的成分。所以荷葉表面具有非常容易把水彈開的性質。像荷葉這樣把水彈開的作用，就稱為「荷葉效應」。

②被彈開的水因為表面張力而變成圓形

水具有盡可能匯聚成圓形的性質，稱為「表面張力（→P248）」。表面張力作用在被荷葉彈開的水滴上，所以荷葉上的水滴就變成圓形。

③被廣泛利用的荷葉效應

能夠把水彈開的荷葉效應，被廣泛利用在牆壁塗料、屋頂材料、布料、食品、容器等等。

荷葉表面的微小凹凸把水彈開

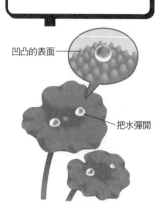

凹凸的表面

把水彈開

6月

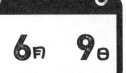

6月 9日

閱讀日期　　　月　　日

空調的除溼和冷氣有什麼不一樣?

動動腦

在潮濕的梅雨季,可以使用除溼功能。

❶除濕能讓房間的水分減少

❷除溼會讓房間的水分增加

❸除溼會讓外面的水分減少

➡ 答案 **1**　除溼不只能去除空氣的熱量,還能排除水分。

這就是秘密!

濕度高黴菌就容易繁殖,必須好好處理呢……

①去除空氣的熱量,讓房間降溫的冷氣

空調的冷氣,吸入房間的空氣後去除熱量,再排出變冷的空氣。被去除的熱量,就由室外機排放到建築物外。

②不只去除熱量,也排除水分的除溼

除溼和冷氣一樣,能夠吸入房間的空氣並去除熱量。空氣降溫時,空氣中的水蒸氣會變成水,而除溼還能透過排水,除去房間空氣裡的濕氣。

③不降溫只排除水分

一般的除溼,會從房間的空氣去除熱量,所以稱為「冷氣除溼」。除此之外,還有透過再度加熱空氣,使除溼時不會降溫,這種方式稱為「再熱除溼」。

6月 10日

發明

閱讀日期　　月　日

塞繆爾·摩斯

他是誰？

他發明了即使長距離也能交換訊號的電報機。

摩斯密碼透過長訊號（嗒），與短訊號（滴）溝通。

原來這麼厲害！

①從悔恨中誕生對通訊的熱情

摩斯出生在美國的麻薩諸塞州，原本以畫家的身分活動，後來因為來不及見沒有住在一起的妻子最後一面，而開始研究長距離通訊。

②他發明了能夠用在長距離的電報機

他偶然得知了電磁鐵，開始進行使用電磁鐵製作電報機的構想。接著在1837年展開長距離也能交換訊號的電報機公開實驗，而且成功了。

③通訊用的密碼以他命名

1844年，約60km的通訊設備完成，電報機沒多久就變得普及。摩斯成立電信公司，致力於推廣電子通訊。而摩斯發明的通訊用符號，就被稱為摩斯密碼。

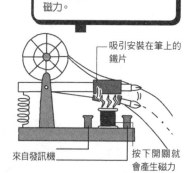

電流在按下開關時通過，產生磁力。

吸引安裝在筆上的鐵片

來自發訊機

按下開關就會產生磁力

食物

食物為什麼會發霉？

❓ 動動腦

❶因為食物裡面本來就含有黴菌

❷因為空氣中的黴菌孢子附著在食物上

❸因為食物腐敗就會變成黴菌

發霉的食物不能吃喔！

➡ 答案 **2** 黴菌的孢子一直懸浮在空氣中。

🔍 這就是秘密！

①黴菌平常就懸浮在空氣中

黴菌是「菌類」這種生物的同伴。黴菌平常以小到眼睛看不見的孢子狀態懸浮在空氣中，如果附著在食物上，就能利用食物的水分與養分成長。

人們也會利用黴菌引出食物的鮮味，或是去除食物的水分。

②有些種類的黴菌在分解食物時會釋放毒素

有一部分的黴菌，在分解食物時會釋放毒素。所以吃了發霉的食物會肚子痛，嚴重的時候甚至會死亡。

③有些黴菌也對人類有幫助

但有些種類黴菌也可以用來製作食物。譬如味噌、醬油、藍起司等，都是使用黴菌製成的食物

6月 12日

生物

繡球花為什麼會有不一樣的顏色？

❓ 動動腦

❶ 繡球花會隨著氣溫改變顏色

❷ 繡球花會根據土壤的性質改變顏色

❸ 因為有人偷偷拿顏料去塗繡球花

➡ 答案 ❷ 繡球花的色素，會隨著土壤的性質改變顏色。

日本全國都容易開藍色的繡球花。

🔍 這就是秘密！

①繡球花的花瓣不是花！？

繡球花像花的部分，其實是在花苞的狀態下，包覆著花瓣的花萼。一般的花萼都是綠色的，但繡球花的花萼，會隨著時間經過而從綠色變成紅色或藍色。

開花之後，花朵的顏色也會在幾天後改變

②酸性的土壤會變成藍色

這樣的顏色變化，來自「花青素」這種色素。這種色素具有與帶正電的鋁離子結合，就會變成藍色性質。酸性的土壤中含有大量鋁離子，所以在酸性土壤中長出的繡球花就會變成藍色。

③同樣的地點也會有不同的顏色

但即使在同樣的地點，各個繡球花生長的場所、土壤的性質也會有微妙的不同，所以花朵的顏色就會產生差異。

6月 13日

空氣有重量嗎？

眼睛看不見的空氣,也確實有重量呢!

💡 解決疑問!

每1公升的空氣,大約 12g重。

人體總是與空氣在互推

🔍 這就是秘密!

①每1公升的空氣重12g

空氣由各種物質組成,而物質一定有重量。
1公升的空氣,大約重12g。

②1cm² 大約承受1kg的空氣

雖然12g沒多重,但地球覆蓋著一層厚厚的
空氣,所以底層的地表,每1cm²就承受約
1kg的重量。由空氣的重量產生的壓力,就
稱為氣壓。

③體內也有同樣大小的壓力往外推

氣壓來自四面八方,所以算起來,人體承受了
共17公噸的重量。我們之所以承受這麼大的氣
壓也若無其事,是因為體內也有同樣強度的壓力往外推。

空氣的壓力（17 公噸）

6月 14日

突然去到亮的地方為什麼會覺得刺眼？

解決疑問！

我們會習慣暗處，也是因為眼睛的調節。

突如其來的亮度變化，讓眼睛來不及調節光量。

這就是秘密！

①調節光量的虹膜

眼睛黑色的部分稱為虹膜。虹膜正中央有稱為「瞳孔」的孔穴，能夠調整進入瞳孔的光量。在暗處虹膜收縮瞳孔擴張，在亮處虹膜伸長瞳孔縮小。

②虹膜來不及動作

突然從暗的地方去到亮的地方，虹膜就會來不及動作，使瞳孔維持在擴張的狀態，於是進入眼睛的光量就變得太多，所以會覺得刺眼。

③作用的細胞隨著亮度改變

虹膜調節光量，感光細胞配合光量作用

亮處	暗處
瞳孔：縮小	瞳孔：放大

桿狀細胞
錐狀細胞

…2 種細胞作用　　…只有桿狀細胞作用

此外，眼睛深處感受光線的感光細胞，分成能夠感受顏色的錐狀細胞，與不能感受光線的桿狀細胞2種，在暗處只有桿狀細胞發揮作用。

6月

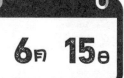

閱讀日期　　月　　日

6月 15日

驟雨是怎麼發生的？

？ 動動腦

❶因為上空的飛機雲落下，變成了雨滴

❷因為上空冰冷的空氣，變成像霧一樣的雲

❸因為被加熱的空氣冷卻，形成積雨雲

➡ 答案 ❸ 溫暖的空氣在上空冷卻，變成帶來雨水的積雨雲。

驟雨突然落下，讓人來不及反應。

🔍 這就是秘密！

①被加熱的空氣升到高空變成雲

夏天，被地面的熱加溫的空氣因為升空而膨脹。空氣膨脹溫度就會下降，於是空氣中的水蒸氣就變成水滴，形成「積雨雲」。

②短時間成長的積雨雲帶來驟雨

積雨雲含有大量水分，所以會下大雨。而只在小範圍地區，在大約1小時的短時間內集中降雨，就被稱為驟雨。

③驟雨的原因是什麼？

積雨雲在某個地區接連形成時，就會帶來驟雨。有人認為，汽車與空調造成都市升溫的熱島現象，也是帶來驟雨的其中一個原因。

驟雨就像戰爭時發動突襲的游擊隊呢！

6月 16日

除臭劑為什麼能夠除臭？

❶因為利用了「中和」這種化學反應
❷因為利用了「氧化」這種化學反應
❸因為利用了「燃燒」這種化學反應

➡ 答案 **1** 除臭劑把臭味的來源中和，轉變成其他物質。

除臭劑利用的是讓臭味來源產生變化的化學反應。

中和需要的物質不同，所以成分也會因場所而異。

①消除臭味的各種藥劑

汗水、廁所、廚餘……日常生活中有各式各樣的惡臭。人們為了避免在日常生活中感受到這些惡臭，會配合場所與臭味的種類開發除臭劑。

②中和臭味的除臭劑

除臭劑主要利用「中和」這種化學反應消除臭味。
中和指的是把酸性物質與鹼性物質結合，轉變成中性物質。除臭劑藉由中和反應，把臭味的來源轉變成無臭的物質。

③有些除臭劑也能抑制細菌的活動

此外，譬如廚餘，則是因為細菌的作用而產生噁心的臭味。所以抑制廚餘味道的除臭劑，通常也具有抑制細菌繁殖的效果。

發明

閱讀日期　　月　日

查爾斯·達爾文

他是誰?

他提倡生物配合環境演化的概念。

事實上,他原本似乎是地質學家。

原來這麼厲害!

①他跟著小獵犬號一起環遊世界

達爾文是出生於英國舒茲伯利的科學家。他剛滿20歲不久,就跟著小獵犬號一起環遊世界,觀察世界各地的動植物。

②他指出生物會演化

達爾文發現,每一座島都有形態稍微不同的生物。他因此認為,就算是同一種生物也有不同的形態,而只有適合生活環境的形態能夠存活下來,演化成新的物種,並根據這個想法發表了《物種起源》。

住在加拉巴哥群島的雀鳥,鳥喙有不同的形狀。

為了敲破種子所以比較粗

主要吃種子的雀鳥

為了尋找蟲子所以比較細

主要吃蟲子的雀鳥

③許多人認同的演化論

基督宗教的教義認為,生物不會變化,因此演化的想法承受了許多責難。但達爾文的想法,大部分都成為現在的常識。

食物

6月 18日

色彩繽紛的巧克力，為什麼顏色那麼鮮豔？

動動腦

❶因為上面塗了把光反射成七彩的物質

❷因為加入了食用色素

❸因為善用原料的顏色

➡ 答案 **2** 巧克力使用各種食用色素，呈現出鮮豔的色彩。

有些顏色鮮艷到幾乎無法在其他食物上看到呢！

這就是秘密！

①使用食用色素著色

巧克力之類的甜點，有時候會呈現紅色、黃色、綠色等非常漂亮的顏色。會有這些鮮豔的色彩，是因為使用了食用色素。

紅椒與番紅花也成為色素的原料呢！

②食用色素分成合成色素與天然色素

食用色素分成以工業方式製作的合成色素，以及從天然材料中萃取出來的天然色素。天然色素的材料除了植物的果實、花朵、葉子之外，有些也來自昆蟲，或是黃金等礦物。

③日本的天然色素種類很多

許多海外國家，天然色素的種類最多也不過數十種，但日本卻多達100種以上。食物細微的色彩差異對日本人來說或許也是種享受吧！

6月

6月 19日

生物

閱讀日期　　月　日

螢火蟲為什麼會發光？

 解決疑問！

原來邊發光邊飛舞的是公螢火蟲啊！

螢火蟲的光，是公螢傳送給母螢的求愛訊號。

這就是秘密！

①螢火蟲透過發光交流，進行交配

公螢與母螢發出的光不一樣，一般來說，公螢發出的光比較亮。到了繁殖時期，公螢發現母螢，就會邊透過發光邊傳送訊號邊靠近，如果母螢送出接受的訊號，公螢就會飛過去交配。

②不同種類、不同地方發出的光不一樣

螢火蟲發出的光依種類而異，不同地方的螢火蟲，發出的光也可能不同。這樣
的差異，讓相同種類的公螢與母螢能夠正確交配。

螢火蟲的光，是公螢與母螢傳送給彼此的訊號

公螢火蟲

回傳接受的訊號

母螢火蟲

傳送給母螢求愛的訊號

③腹部的末端發光

螢火蟲發光的部位在腹部末端。這個部分的「螢光素」物質，透過螢光素酵素與空氣中的氧結合發出亮光。

197

6月 20日

雲為什麼會有各種顏色？

動動腦

❶因為雲形成的季節不一樣

❷因為形成雲的水滴與冰滴大小不一樣

❸因為雲的高度不一樣

➡ 答案 ❷ 雲裡面的水滴與冰滴大小不同，改變了雲的顏色。

烏雲會下雨……所以水量比較多嗎？

這就是秘密！

從下方看呈現黑色的雲，從上方看也是純白的喔！

①小水滴與冰滴形成的雲

空氣中所含的水蒸氣聚集，變成水滴或冰滴，形成了雲。如果這些水滴與冰滴變得更大，就會成為雨或雪落到地面。

②水或冰的含量多就會變黑

當水滴小、數量少的時候，能夠把從上方照進來的太陽光反射到各個方向，所以雲整體看起來就會比較白。相反的，如果水滴與冰滴體積變大、數量變多，雲層就會變厚，光線無法抵達雲層下方，就會成為烏雲。

③烏雲容易下雨或下雪

一般來說，烏雲含有較多的水滴與冰滴，所以烏雲比白雲更容易下雨或下雪。

6月 21日

身體 ♥

肚子為什麼會咕嚕叫？

解決疑問！

我們無法阻止胃的活動，所以肚子叫的時候很難控制呢！

當胃裡面的東西減少時，空氣就會受到推擠發出聲音。

這就是秘密！

①胃透過蠕動混和食物

胃是由肌肉形成的袋狀器官，能夠放大與收縮。食物先被送到胃部，透過胃部的蠕動混和成容易消化的狀態。

②腦對胃發出蠕動的命令

胃把混和的食物送到腸子。如果有一陣子沒吃東西，腦就會為了準備下次進食而清空胃部，對胃發出更進一步蠕動的命令。

③胃蠕動會發出聲音

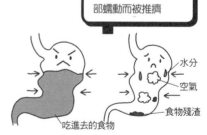

胃裡面的空氣因為胃部蠕動而被推擠

水分
空氣
食物殘渣
吃進去的食物

因為胃的蠕動而混和

空氣因為胃的蠕動而被推擠

胃接收到腦的命令，就會開始像裝進了食物似的蠕動。但這個時候胃裡幾乎只有空氣，而空氣受到胃部蠕動的推擠，就會大聲地發出咕嚕咕嚕的聲音。

6月 22日

能夠靠人工的方式下雨嗎？

❓ 動動腦

人類總有一天能夠自由自在地操作天氣吧？

❶不能
❷當然可以
❸雖然可以，但效果很差

➡ 答案 **3** 雖然可以靠人工的方式下雨，但不一定會成功。

🔍 這就是秘密！

現在的人造雨技術，還很難在沒有雲的地方造雲降雨呢！

①人造雨就是靠人工的方式下雨

如果能夠靠人工的方式下雨，就能防止雨水不足的問題。像這種靠著人工方式落下來的雨，就稱為「人造雨」。

②利用碘化銀製造雨滴

人造雨主要使用碘化銀這種物質。把碘化銀撒在雲裡，雲裡面的小水滴就會把碘化銀當成核，往碘化銀聚集，於是就會下雨。但是以現在的技術，雨量只能增加一點點。

③利用人造雨創造晴天

中國盛行人造雨的研究，甚至也會利用人造雨來創造晴天。2008年北京奧運時，中國為了防止開幕式下雨，就事先撒碘化銀讓雨滴落下。

6月 23日

喇叭為什麼能夠發出聲音？

> 麥克風的原理也和喇叭幾乎相同。

💡 解決疑問！

電流產生的磁力讓喇叭的膜振動。

🔍 這就是秘密！

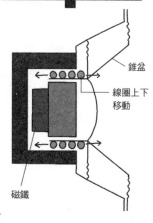

線圈的移動振動錐盆並發出聲音

①電流通過的線圈變成磁鐵

電流通過把導線捲成螺旋狀製成的線圈，線圈周圍就會產生磁力。喇叭就利用這股磁力發出聲音。

②錐盆、線圈與磁鐵製成的喇叭

喇叭主要由振動發出聲音的膜「錐盆」、固定在錐盆上的線圈，以及線圈周圍的磁鐵組成。

③電流振動錐盆發出聲音

錐盆

線圈上下移動

磁鐵

聲音的訊號轉換成電流通過線圈，線圈就會根據電流大小產生不同的磁力，並與周圍的磁鐵因為吸引或排斥而振動，這股振動傳到錐盆就會發出聲音。

6月 24日

格雷戈爾・孟德爾

他是誰？

他使用豌豆發現了遺傳的定律。

孟德爾在活著的時候並沒有獲得肯定。

原來這麼厲害！

①因為沒錢而進了修道院

孟德爾出生於現在的奧地利，因為貧窮而無法上大學，所以他進了沒有錢也能學習的修道院。

②他發現豌豆不可思議的性質

他在修道院種豌豆時，發現把高的豌豆與矮的豌豆雜交後，只會長出高的豌豆。而且他還發現，高的豌豆彼此交配後，會長出高的豌豆與矮的豌豆，比例是3比1。

高的特質比矮的特質更容易展現

矮的基因

高的基因

兩者都是高的

高 3：矮 1

③發現孟德爾定律

孟德爾持續進行豌豆的實驗，發現了被稱為孟德爾定律的遺傳相關定律。這個定律至今仍被視為遺傳學最基本的定律。

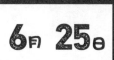

食物的「雜質」是什麼？

 **動動腦**

❶食物釋放出來的美味成分

❷食物釋放出來的多餘成分

❸食物釋放出來充滿營養的成分

➡ 答案 **2** 雜質就是含有各種物質的多餘成分。

基本上應該把雜質去除……

這就是秘密！

①蔬菜的雜質也有許多對身體有害的物質

蔬菜的雜質指的是造成體內產生結石的草酸、帶來的苦味的多酚等等。雜質中含有許多有害身體、帶來苦味與澀味的物質，吃之前必須仔細去除。

②使用各種方法去除蔬菜的雜質

很多方法都能去除蔬菜的雜質，譬如菠菜可以用水煮、竹筍可以使用洗米水。

③肉類的雜質也能成為鮮味

至於魚類與肉類的雜質，主要是受熱凝固的蛋白質與脂質。雖然含有鮮味與養分，但外觀與氣味不好，所以通常也是會去除。

少量的雜質也能變成風味，讓食物的滋味更有深度。

6月 26日

紅鶴為什麼是粉紅色的？

解決疑問！

要是我也只吃蔬菜，身體會變成綠色的嗎？

紅鶴因為吃了粉紅色的藻類，所以羽毛變成粉紅色的。

這就是秘密！

小紅鶴被父母餵食特別的分泌液，才開始變成粉紅色。

①吃藻類為生的紅鶴

紅鶴是一種長脖子的鳥類，棲息在非洲與南美洲。他們成群結隊生活在湖邊，靠著吃藻類為生。

②羽毛的顏色是藻類的顏色

紅鶴的身體呈現鮮豔的粉紅色。這個顏色來自他們吃的藻類中所含的色素。剛出生的紅鶴雖然是白色的，但因為被親鳥餵食「紅鶴乳」這種分泌液，所以會逐漸變成粉紅色。

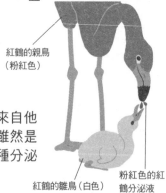

紅鶴的親鳥
（粉紅色）

粉紅色的紅鶴分泌液

紅鶴的雛鳥（白色）

③如果吃不含色素的飼料就會變成白色

動物園會刻意給予紅鶴含有色素的飼料，維持牠們的顏色。否則就算剛開始是粉紅色的，也會隨著時間經過逐漸褪色，最後變成白色。

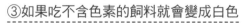

6月 27日

如何測量到星星的距離？

? 動動腦

好像不能直接測量距離……

❶準備巨大的尺測量

❷透過每個季節出現的位置不同來測量

❸從去到那個星球所需的時間來測量

➡ 答案 **2** 調查星星在兩個季節出現的位置，依此計算距離。

這就是秘密！

展現星星距離的單位是「光年」！意思是用光速需要花幾年。

①比較近的星星就在2個地方觀測它的位置

比較近的星星，就透過每年2次的觀測計算距離。地球繞著太陽公轉，所以星星在夏天與冬天出現的方向（角度）有些微的差異。我們可以根據這個角度計算星星的距離。

②比較遠的星星，就透過亮度與顏色測量

比較遠的星星，就透過亮度與顏色測量距離。相同顏色的星星，亮度原本幾乎一樣，但是越遠的星星看起來越暗。我們透過這2點，就能知道星星的距離。

③更遠的銀河就利用顏色的偏差測量

此外，宇宙逐漸膨脹，所以遠處的銀河，就以更快的速度遠離。遠離的速度越快，就會越偏離原本的顏色，所以透過顏色的偏差就能得知速度與距離。

6月 28日

閱讀日期　　月　日

搔癢為什麼會癢？

❓ 動動腦

❶因為對癢有反應的器官發揮作用

❷因為大腦判斷被形狀像手的東西搔癢

❸因為感覺器官陷入混亂

➡ 答案 ❸　意想不到的部位被碰到，讓感覺器官陷入混亂。

如果是自己碰到就不會癢了。

🔍 這就是秘密！

①人體沒有感覺癢的器官

皮膚有感覺碰觸‧擠壓（壓觸覺）、溫暖‧寒冷（溫度覺）、疼痛（痛覺）的感覺器官，但是沒有感覺癢的感覺器官。

②感覺器官或大腦陷入混亂時會覺得癢！？

我們並不清楚沒有感覺器官為什麼會覺得癢。推測可能是因為意想不到的部分被碰到，造成多重感覺器官混亂。

一般的癢也和搔癢一樣，沒有單獨的感覺器官。

③脆弱的部份或重要的部分更容易覺得癢

容易覺得癢的部分，主要是身體脆弱的部分。可能是因為這些部分敏感有利於保護身體，所以感覺較為發達，被搔癢就容易覺得癢。

閱讀日期 ⬚ 月 ⬚ 日

6月 29日

彩虹會在什麼時候出現？

💡 **解決疑問！**

> 下雨之後出現彩虹，會讓人心情很好吧！

彩虹主要在雨停之後，出現在太陽的相反側。

🔍 **這就是秘密！**

> 空氣中的水滴被太陽光反射就能形成彩虹

①被水滴反射的光，依照顏色分開

如果空氣中有小水滴，太陽光就會在水滴中被反射。但是太陽光中的各種色光，反射的角度都不一樣，所以反射時各個顏色就會被分開變成彩虹。

②雨停之後在太陽的相反側看到

太陽光

分成 7 種顏色反射回來　被雨滴反射

雨停之後，空氣中充滿了微小的水珠，所以經常可以看到彩虹。此外，彩虹透過反射太陽光形成，因此可以在太陽的相反側看到。

③澆花器也能形成彩虹

只要空氣中有水滴，即使沒有下雨也能看見彩虹。陽光下用澆花器或水管幫植物灑水時能夠看見彩虹，也是這個道理。

6月 30日

保鮮膜為什麼會黏住？

動動腦

❶因為磁鐵的力發揮作用

❷因為重力發揮作用

❸因為分子間作用力與靜電發揮作用

➡ 答案 **3** 保鮮膜主要靠著分子間作用力與靜電力黏在一起。

用保鮮膜摩擦頭髮，也能讓頭髮豎起來呢！

這就是秘密！

玻璃與瓷器等光滑的餐具，似乎可以黏得更緊。

①保鮮膜靠著分子間作用力黏在一起

物質由原子（→P312）與分子（→P127）等微小的粒子組成。分子之間有彼此吸引的分子間作用力（→P291）。保鮮膜與容器之間也因為分子間作用力而黏在一起。

②靠著靜電黏在一起

此外，保鮮膜使用的聚氯乙烯物質容易帶負電（→P22），也會與較容易帶正電的容器互相吸引。

③被加工成帶有黏性

而且許多保鮮膜的表面也被加工成帶有黏性。這也是保鮮膜容易黏在一起的其中一項原因。

發明

阿佛烈・諾貝爾

諾貝爾獎從物理學、化學、生理及醫學、文學、和平這5個領域開始。

他是誰？

他發明黃色炸藥，並且把利潤拿來成立諾貝爾獎。

原來這麼厲害！

諾貝爾也發明了比黃色炸藥更安全、更有威力的炸藥「炸膠」。

①他跟許多人學習化學

諾貝爾出生於瑞典的斯德哥爾摩，從小就跟著家庭教師學習化學，在十幾、二十歲的時候，也前往巴黎與美國學習化學。

②發明黃色炸藥

他後來開始研究炸藥，並且將容易爆炸、危險性高的硝化甘油炸藥，改造成安全、容易使用的形式。這就是黃色炸藥。

③他使用遺產成立諾貝爾獎

黃色炸藥被用在許多國家的礦坑與施工現場，帶來龐大的利潤。諾貝爾在1896年去世時，在遺書中表示要使用這些遺產成立獎項，於是，頒發給帶來出色貢獻者的諾貝爾獎就此誕生。

無籽葡萄為什麼沒有籽？

❓ 動動腦

❶農夫使用藥劑讓葡萄不會長出籽

❷無籽葡萄原本就是不會長出籽的品種

❸原本長出的籽因為生病而消失了

➡ 答案 **1**　農夫使用吉貝素這種藥劑，讓葡萄不會長出籽。

無籽葡萄種起來比一般葡萄更麻煩呢！

🔍 這就是祕密！

①受精就會長出籽

葡萄花的雌蕊根部有子房，子房就是會變成果實的部分，並且把種子的前身「胚珠」包住。一般的葡萄在授粉（→P182）之後，胚珠會變成種子，子房會變成果實。

②使用吉貝素讓葡萄結果

栽培無籽葡萄時，必須將開花的葡萄串浸泡在「吉貝素」這種藥劑裡。吉貝素具有使植物成長的效果，讓植物即使不授粉也能長出果實。

③使用2次吉貝素

栽培過程中會使用2次吉貝素。第1次是在開花時，為了讓葡萄不容易受精而使用。第2次是在開花過了一陣子之後，為了讓子房成長而使用。

把每串葡萄浸泡在吉貝素裡，栽培出無籽葡萄

結果前的葡萄

浸泡吉貝素

變成無籽葡萄

7月 3日

螞蟻為什麼會排成一列？

❓ 動動腦

❶因為螞蟻沿著費洛蒙前進

❷因為後面的螞蟻是前面螞蟻的粉絲

❸因為螞蟻在排隊

隊伍的前方有什麼呢？

➡ 答案 **❶** 螞蟻利用費洛蒙，
告訴同伴通往食物的路徑。

🔍 這就是秘密！

螞蟻的眼睛不好，所以透過費洛蒙與同伴溝通。

①費洛蒙讓螞蟻不會迷路

許多離開巢穴的螞蟻，邊分泌形成氣味的「費洛蒙」邊尋找食物。歸巢時就沿著費洛蒙的氣味回去，所以不會迷路。

②在食物與巢穴之間，費洛蒙的氣味會增強

螞蟻在發現食物時，也會邊分泌費洛蒙邊歸巢。於是這條路徑的費洛蒙，氣味就會增強。

③螞蟻沿著費洛蒙氣味增強的地方前進

螞蟻有沿著費洛蒙氣味更強的地方前進的特性，所以許多螞蟻都會被發現食物的螞蟻所分泌的費洛蒙吸引，而走上相同路徑，於是就在食物與巢穴之間排成一列。

宇宙・地球

7月 4日

銀河是什麼樣的河？

> 說到銀河，就會想到牛郎織女的故事。

 **解決疑問！**

星星聚集成帶狀，看起來就像一條河。

🔍 **這就是秘密！**

> 圓盤狀的銀河從側面看，就會變成帶狀。

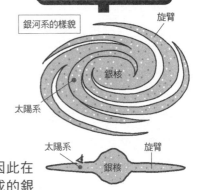

銀河系的樣貌

旋臂

銀核

太陽系

太陽系　　旋臂

銀核

①恆星聚集形成的銀河系

太陽恆星與環繞周圍的地球等行星，集合在一起稱為「太陽系」。宇宙中有許多由恆星與行星形成的星系，這些星系集合起來就稱為「銀河」。太陽系所在的銀河，稱為「銀河系」或「天河」。

②銀河的真面目是銀河系的中心

太陽系位在銀河系中央偏外側的地方。因此在夏天的時候，從地球看許多恆星聚集而成的銀河系中心，星星看起來就會像是一條帶子，這條帶子就是銀河。

③冬天不容易看到銀河

地球繞著太陽旋轉，到了冬天的時候，銀河就會位在與太陽相同的方向，所以冬天不容易看到銀河。

7月 5日

腸道有多少細菌？

動動腦

❶約1000萬
❷約10億隻
❸約100兆隻

腸道的細菌組合，每個人都不一樣。

➡ 答案 ❸ 腸道透過許多的細菌保持平衡。

這就是秘密！

①住在腸道的腸道菌

人體從嘴巴攝取食物，在腸道吸收養分，剩餘的殘渣，就由住在腸道的細菌分解，變成大便。這些住在腸道的細菌，就是腸道菌。

有人把棲息著許多細菌的腸道比喻成花叢，稱為腸道菌叢。

②腸道住著許多細菌

據說人類的腸道中，住著約1000種，多達100兆隻的腸道菌。腸道菌的組合因人而異，種類包括大腸菌、比菲德氏菌、幫助食物消化的乳酸菌等。

③也有對人體有害的腸道菌

有些腸道菌也像產氣莢膜桿菌或部分大腸菌一樣，會對人體帶來譬如食物中毒等害處。不規律的生活等，都可能使這些菌增加。

7月 6日

變化球為什麼會轉彎？

💡 **解決疑問！**

改變旋轉的方式，就能投出許多變化球。

球被推往氣流速度較快的那邊而轉彎。

🔍 **這就是秘密！**

①球的旋轉創造出變化球

棒球或壘球投手投出的變化球，會往各種不同的方向轉彎。變化球之所以會轉彎，是因為投手在投變化球時會讓球旋轉。

②球的旋轉改變氣流

空氣具有被旋轉的物體帶動的性質。球在空氣中旋轉時，與球旋轉方向相同的氣流速度會加快，相反的氣流則會變慢。

③球會往氣流速度快的方向轉彎

氣流速度慢的那邊空氣的壓力較大，所以球會往氣流速度快的那邊轉彎。這種現象稱為馬格努斯效應。

球的旋轉使氣流產生變化

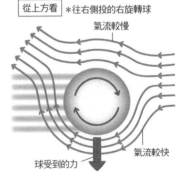

從上方看 ＊往右側投的右旋轉球

氣流較慢
球受到的力
氣流較快

215

7月 7日

彈珠汽水裡為什麼要放彈珠？

動動腦

❶為了不讓汽水灑出來

❷為了不讓溶解在汽水裡的氣體逸散

❸彈珠在製造瓶子的時候形成

原來放入彈珠，正是為了維持汽水中的氣泡啊！

➡ 答案 ❷ 彈珠的作用就像瓶塞，避免汽水中的氣體逸散。

這就是秘密！

①彈珠汽水中溶入二氧化碳

彈珠汽水是溶入二氧化碳的碳酸飲料。而碳酸飲料中的二氧化碳如果放著不管，就會變成氣體，逐漸逸散到空氣當中。

②彈珠就是彈珠汽水的蓋子

放進汽水瓶口的彈珠，做得比瓶口稍微小一點。二氧化碳想要從碳酸飲料中釋放出來的壓力把碳酸飲料推往瓶口，變成瓶塞。喝的時候，得用力把彈珠壓下去，才能打開。

③裝進彈珠後再把瓶口收縮

製作途中的彈珠汽水瓶，瓶口比較寬。放進彈珠之後，將瓶口部分加熱，使玻璃融化，瓶口收縮，把彈珠封起來。

裝進汽水之後把瓶子倒過來，彈珠就會因為壓力而變成瓶塞

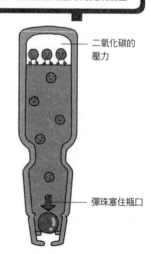

二氧化碳的壓力

彈珠塞住瓶口

戈特利布·戴姆勒／卡爾·賓士

？ 他是誰？

汽車剛發明的時候，人們還在使用馬車呢！

他們發明了安裝引擎的交通工具，建立了大企業。

原來這麼厲害！

早期的汽車頂多被視為馬車的代替品。後來才逐漸發展。

①戴姆勒發明了全世界第一輛摩托車

戴姆勒出生於現在的德國，他認為引擎取代蒸汽機（→P114）的時代即將到來，因此開發了各種產業用引擎，也發明了全世界第一輛摩托車。

②賓士發明了全世界第一輛汽油汽車

同樣是德國人的賓士，也幾乎在同一時間開發引擎。賓士把引擎安裝在三輪車上，開發出全世界第一輛實用性汽油汽車。

③兩家公司合併，成為世界級車廠

戴姆勒與賓士，分別成立各自的企業，開發、販賣汽車。後來，2家公司在1926年合併成為戴姆勒·賓士公司，至今仍是世界級車廠，並且持續發展。

7月 9日

食物

閱讀日期　　月　　日

小黃瓜為什麼會有刺疣？

💡 **解決疑問！**

小黃瓜的刺疣越硬，越新鮮美味。

年輕時的棘刺，變成刺疣保留下來。

🔍 **這就是秘密！**

①年輕的小黃瓜果實長有棘刺

許多動物也會吃小黃瓜，但如果在長出種子之前被動物吃掉，就無法留下子孫。所以年輕的小黃瓜果實，靠著許多棘刺保護不被吃掉。

②棘刺隨著成長消失

但小黃瓜成熟之後，反而是藉由被動物吃掉，讓動物把種子帶到遠方

隨著小黃瓜成長，棘刺變得越來越小。

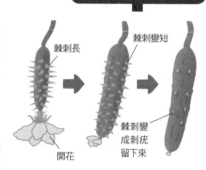

棘刺長

開花

棘刺變短

棘刺變成刺疣留下來

播種，對於留下子孫更有利。所以棘刺隨著成長逐漸變小，等到成熟之後就完全消失。

③表面的刺疣就是棘刺的痕跡

我們吃的小黃瓜，就是完全成熟前的果實。所以棘刺的痕跡刺疣還留著，沒有完全消失。

7月

218

7月 10日

生物

閱讀日期　　月　　日

魚都怎麼睡覺？

? 動動腦

如果想看魚睡覺的樣子，可以去水族館喔！

❶爬上陸地睡覺

❷像動物一樣躺下來閉上眼睛

❸睜著眼睛睡覺

➡ 答案 **3** 魚的眼睛無法閉起來，所以會睜著眼睛睡覺。

🔍 這就是秘密！

①魚睡覺的時候不會閉眼睛

魚生活在水裡，似乎不需要靠著眨眼濕潤眼睛。

魚不像人有眼瞼，所以無法閉上眼睛，會睜著眼睛睡覺。推測在這個時候，以腦為首的全身活動都變得遲鈍，不像醒著時那樣可以清楚看見東西。

②躲在隱蔽處安靜不動睡覺

魚睡覺的時候，會躲在水草或岩石陰影、沙子底下等隱蔽處安靜不動。睡覺的時間依種類而異，有些種類像人類一樣晚上睡覺，有些種類則在白天睡覺。

③有些種類會邊游泳邊睡覺

至於鰹魚和鮪魚，如果不游泳就會因為無法呼吸而死掉，所以牠們會邊游泳，邊盡可能地減少身體活動，讓身體休息。

219

7月 11日

流星雨是什麼？

解決疑問！

流星雨的名字，指的是流星飛過來的星座。

彗星通過後留下的塵埃落下來。

這就是秘密！

①留下冰粒與塵埃的彗星

拖著長長尾巴的閃亮天體稱為彗星。彗星是由岩石或冰塊組成的數公里大的團塊，而離開彗星本體的塵埃，就變成了彗星的尾巴。塵埃在本體通過之後，成為留在宇宙的帶狀物。

②通過塵埃時發生的流星雨

地球繞著太陽公轉時，如果通過以前的彗星塵埃留下的場所，就會有大量塵埃被地球吸引，變成流星雨落下來。

③有些流星雨可以在每年同樣的時期看到

彗星通過後的塵埃，落到地球上。

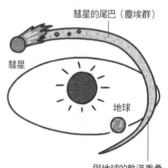

彗星的尾巴（塵埃群）

彗星

地球

與地球的軌道重疊

彗星的塵埃聚集在固定的場所，所以有些流星雨每年都可以在同樣的時期看到，譬如8月的英仙座流星雨、12月的雙子座流星雨。

身體

食量大的人和食量小的人哪裡不一樣？

❓ 動動腦

❶身體的體積不一樣

❷吃飯的速度與運動量不一樣

❸聲音的大小不一樣

必須補給消耗的能量呢……

➡ 答案 **2** 吃飯速度快、運動量大的人食量也容易變大。

🔍 這就是秘密！

有一派說法是，仔細咀嚼食物腦比較容易意識到飽。

①透過大腦感覺到飽

我們會覺得飽是因為大腦的作用。攝取食物時，養分進入血管，於是察覺養分增加的大腦，就向全身發送停止訊號，我們就會覺得飽。

②吃飯速度快的人食量容易變大

但是，大腦發送訊號需要時間，如果吃飯速度快，就會在覺得飽之前吃很多，所以吃飯速度快的人，多半都食量大。

③運動量與飲食習慣也可能成為原因

食量與平常的運動量也有關。運動量大的人，消耗了很多能量，所以食量也會變大。

自然

可樂加曼陀珠為什麼會噴發？

噴發的力道很猛，實驗的時候要小心喔！

💡 **解決疑問！**

因為妨礙氣泡產生的表面張力變弱了。

🔍 **這就是秘密！**

曼陀珠的成分，讓水面的網孔鬆開

二氧化碳因為表面張力而動彈不得

表面張力減弱，二氧化碳移動

①氣泡的真面目是二氧化碳

可樂之類的碳酸飲料，溶入了許多二氧化碳。打開蓋子後，溶在可樂裡的二氧化碳就一起往外釋放，聚集在一起變成氣泡。

②表面張力妨礙氣泡形成

至於水，則具有表面張力（→P248）的性質，彼此會盡量聚集在一起。水的表面張力讓水面變得像網子一樣，把可樂中的二氧化碳封在裡面。

③削弱表面張力的曼陀珠

但有些軟糖，譬如曼陀珠，含有削弱表面張力的成分，表面有許多容易產生氣泡的孔洞。所以加入曼陀珠就會產生許多氣泡，與可樂一起噴發。

物品的原理

7月 14日

煙火為什麼有各種顏色？

煙火可是經過精密的計算製成。

❶因為裡面的植物與火焰產生反應

❷因為裡面的液體與火焰產生反應

❸因為裡面的金屬與火焰產生反應

➡ 答案 **3** 因為金屬的種類而產生各種顏色。

這就是秘密！

焰色反應的顏色，根據物質的種類而完全不同。

①把金屬放在火焰上就會變成各種顏色

把金屬放在火焰上，火焰的顏色就會因為金屬的種類而產生各種變化。譬如鈉會變成黃色、銅會變成藍綠色。金屬放在火焰上會使火焰的顏色產生變化的現象，就稱為「焰色反應」。

②煙火利用焰色反應製作

煙火裡面填進混和了各種金屬的火藥。煙火利用火藥裡的金屬的焰色反應，呈現出各種顏色。

③透過金屬與火藥的混和方式改變顏色與形狀

煙火的顏色與形狀，會因為火藥的量、填裝方式、金屬的量與種類等，變得完全不一樣。製作煙火的工匠，把這所有的一切都納入計算，才能表現出自己心目中的顏色與形狀。

223

發明

德米特里·門得列夫

元素週期表的中間有一個大凹谷呢！

❓他是誰？

他把元素依序排列，完成元素週期表。

7月

原來這麼厲害！

理論上，最多只存在173種元素。

①把元素由輕到重排序的元素週期表

元素是組成化學物質的成分，把元素根據重量順序排列的表，就是元素週期表。俄羅斯的科學家門得列夫，想出了現在廣泛使用的元素週期表原型。

②性質類似的元素，會在相隔一定的週期出現

在大學教化學的門得列夫，發現把元素根據重量順序排列，每隔一定的週期就會出現性質相似的元素。於是他注意到這個週期，依此製作出一張表，這就是元素週期表的原型。

③現在也被應用在各個領域

後來也有許多化學家與物理學家改良元素週期表。由於元素的重量與性質在這張表中一目了然，非常方便，所以現在也被使用在各個領域。

玉米為什麼會有鬚？

解決疑問！

玉米一定會有的鬚，
就是雌蕊。

1根玉米鬚會連到1顆玉米上哦！

這就是秘密！

①雌花的集合變成玉米！？

我們所吃的玉米，由雌花的種子成長而來。玉米的鬚是從雌花長出的雌蕊，被稱為「玉米鬚」。

②只有玉米鬚露在外面的雌花

玉米的雌花與雄花長在同一根花莖上。雄花開在莖的末端，雌花開在莖的中間。數量龐大的雌花被綠色外皮包住，只有玉米鬚露在外面。

③玉米鬚沾到花粉就會長成玉米粒

雄花的花粉沾到雌花的玉米鬚，花粉就從玉米鬚內部通過，在雌花的根部授粉（→P182），於是雌花的根部就會膨脹長出種子，變成我們平常吃的玉米。

玉米鬚沾到花粉就會授粉

雄花　　花粉　　玉米鬚

伸出管子　花粉

雌花

玉米鬚

7月 17日

生物

蟲子為什麼喜歡聚集在亮的地方？

動動腦

蟲子在夏天會聚集在自動販賣機之類的地方,甚至讓人覺得有點噁心呢!

❶因為蟲把月光與路燈的光搞混

❷因為蟲把太陽光與路燈的光搞混

❸因為蟲照射路燈的光成長

➡ 答案 ❶ 因為昆蟲平常依靠月光飛翔。

這就是秘密!

但是LED燈泡的光,就不會聚集昆蟲呢!

①昆蟲依靠月光飛翔

在夜晚飛翔的蛾或獨角仙等,把月光當成路標。只要飛的時候,總是在同一個方向看到月亮,即使在黑暗當中也能飛得筆直。

②昆蟲把路燈誤認為月光

但是路燈、自動販賣機、家裡的照明等,對昆蟲來說遠比月亮更近。所以把這些光誤認為月光,想要讓這些光一直出現在相同方向的昆蟲,就會繞著光源團團轉。

③朝著光線聚集的正趨光性

最後,昆蟲就邊繞邊逐漸接近光源。像這樣朝著光線聚集的性質,就稱為「正趨光性」。

7月 18日

為什麼夏天會熱冬天會冷？

解決疑問！

夏天與冬天的白天不一樣長，也與太陽的高度有關。

因為太陽光照射的角度，在夏天與冬天不一樣。

這就是秘密！

①地球的自轉軸傾斜

地球邊像陀螺一樣自轉，邊繞著太陽公轉。地球的自轉軸傾斜，誕生了季節的變化。

②太陽照射的角度隨著季節而改變

由於自轉軸傾斜，太陽光在6月的白天，從正上方照射日本所在的北半球。至於12月的白天，太陽光則從較低的位置斜向照射。

③太陽光照射的角度決定溫度

地球的溫度來自太陽光。太陽的位置越高，照射在同樣面積的光量就會越多。而太陽光從正上方照射的夏天，照射在同樣面積的光量比冬天更多，所以溫度就會升高。

地表照射到越多的太陽光，就會越溫暖

 6月　12月

來自正上方的光　　來自斜向的光

地表照射到許多太陽光　　地表不容易照射到太陽光

大人為什麼不會再長高？

 **動動腦**

❶因為肌肉不會再長大
❷因為骨骼不會再長大
❸因為心臟不會再長大

骨骼的作用就像大樓的鋼筋。

➡ 答案 **2** 長大成人之後，骨骼就不會再長大。

 這就是秘密！

①骨骼是來自細胞的成分

生物的身體，由「細胞」這種微小的零件聚集而成。骨骼的成分來自造骨細胞，並透過這種細胞的作用成長。

如果支撐身體的骨骼不再成長，身體也不會再長大。

②在骨骼的末端長出新的骨骼

嬰兒的骨骼全部都是柔軟的軟骨。後來隨著年紀增長，軟骨變成骨骼，只有末端的軟骨留下。這裡長出新的軟骨，再由造骨細胞轉變成骨骼。

③長大成人之後，變成軟骨的骨骼消失

如果製造軟骨的速度比變成骨骼的速度更快，骨骼就會長大，個子也會長高。但要是軟骨來不及製造，所有的軟骨都變成骨骼，個子就不會再變高了。

自然

夏天灑水為什麼會覺得涼快？

💡 **解決疑問！**

熱的時候出汗，也能讓身體的溫度下降。

水分蒸發時帶走熱量，所以會覺得涼快。

🔍 **這就是秘密！**

灑在地面的水蒸發時，會帶走熱量

①水分蒸發時會帶走熱量

液體的水蒸發變成水蒸氣時，會從周圍帶走熱量。這些熱稱為「汽化熱」。潑溼的手臂被電風扇吹會覺得冷，就是因為水分蒸發時，從手臂帶走熱量的緣故。

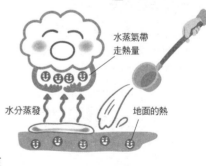

水蒸氣帶走熱量

水分蒸發

地面的熱

②水從地面帶走熱量，所以會覺得涼快

夏天在地面灑水會覺得涼，也是因為汽化熱的作用。地面的水被太陽的光與熱蒸發時，從地面帶走熱量，所以會覺得涼快。

③度過炎熱夏天的生活智慧

在地面灑水，是日本人為了在沒有冷氣的時代涼爽度過夏天，不可缺少的生活智慧。

229

7月 21日

為什麼潛水艇能浮也能沉？

解決疑問！

潛水艇必須要有裝水的水櫃。

潛水艇調節水櫃中的水量，讓重量變重或變輕。

這就是秘密！

①船透過浮力浮起

浮在水面的物體，承受了與排開的水重同等大小的浮力。大船之所以能夠浮在水面上，就是因為承受了來自水的浮力。

②為了不下沉而引進空氣

大船由遠比水還要重的鐵打造，如果不把比水還要輕的空氣充分引進船內，水的浮力就不足以支撐，船就會下沉。

把水引進壓載櫃就會下沉，把水排出就會浮起

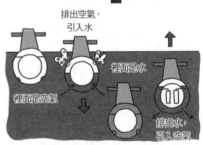

排出空氣，引入水

裡面是水

裡面是空氣

排出水，引入空氣

③用水調節重量的潛水艇

潛水艇擁有能夠把水引進或排出的水箱「壓載櫃」。把水引進壓載櫃，潛水艇就會因為重量大於浮力而下沉，把水排出壓載櫃並引入空氣，就會因為重量變輕而浮起。

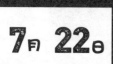

羅伯・柯霍

他發表發現結核菌演講的那天，成為世界結核病日。

？ 他是誰？

他不只發現了炭疽菌與結核菌，還培育了許多醫學家。

原來這麼厲害！

確立細菌的檢查方法是柯霍的一大貢獻。

①他找出恐怖疾病的原因

柯霍出生於現在的德國北部。他大學畢業後，開始在位於柏林的帝國衛生局展開細菌研究，發現炭疽菌這個危險的疾病，是由「炭疽菌」這種細菌造成的。

②因為結核菌的研究而獲得全世界的肯定

柯霍也發現結核菌與霍亂弧菌，並成功研發出使用在結核菌檢查的結核菌素。他因為結核菌的研究，在1905年獲頒諾貝爾生理及醫學獎。

③培育許多醫學家的名師

柯霍也積極指導年輕學者，很多學生在後來都拿到諾貝爾獎。致力於發展日本醫學的北里柴三郎（→P275）也是柯霍的學生。

7月 23日

棉花糖為什麼會蓬鬆？

 動動腦

你看過棉花糖的製作過程嗎？

❶因為砂糖變得像細絲一樣
❷因為使用了柔軟的特殊砂糖
❸因為混和了果凍的原料

➡ 答案 **1** 砂糖細絲聚集，變得像棉花一樣蓬鬆。

 這就是秘密！

雖然製作方法簡單，但是必須熟練才能捲得蓬鬆。

①砂糖變得像細絲一樣的棉花糖

棉花糖由砂糖製成，之所以會蓬鬆，是因為砂糖變得像細絲一樣。但在過了一段時間之後，蓬鬆的棉花糖也會因為砂糖融化而黏在一起，變得硬梆梆。

②製作棉花糖必須先把砂糖融化

製作棉花糖的機器中心，有一個開了小洞的金屬管在高速轉動。在金屬管裡倒入砂糖加熱，砂糖就會因為融化變得黏稠。

③因為離心力而變成細絲

融化的砂糖，因為金屬管旋轉產生的離心力（→P163）而從洞口飛出。接著在瞬間冷卻，變得像細絲一樣。把這些細絲用棒子捲起，就變成棉花糖。

232

閱讀日期　　月　　日

7月 24日

為什麼吉丁蟲看起來閃閃發亮？

以前的人會使用吉丁蟲的翅膀製作裝飾品。

解決疑問！

因為翅膀上有好幾層的膜反射光線。

這就是秘密！

①吉丁蟲的翅膀沒有顏色！？

從不同的角度看吉丁蟲的翅膀，會呈現不同的色光。但是這些顏色，都不是翅膀原本就有的顏色。

②反射的光互相增強的構造色

吉丁蟲的翅膀，由透明的薄膜重疊而成。翅膀照到光時，各層薄膜反射的光就會互相增強或減弱，只有某些色光能夠看得清楚。像這種由非常精細的構造產生的顏色，就稱為「構造色」。

形成翅膀的透明薄膜反射光線，看起來就會閃閃發亮。

各層薄膜反射光線

好幾層疊在一起的薄膜

③構造色隨著觀看的角度改變顏色

構造色中互相增強的顏色，會隨著觀看的角度改變，色彩看起來就會變幻萬千。泡泡與CD看起來會變成各種顏色，也是同樣的理由。

7月 25日

天空為什麼是藍色的？

傍晚時紅色或黃色的光比較容易分散。

 解決疑問！

太陽光中所含的藍光分散在空中，所以天空看起來就是藍色的。

7月

 這就是秘密！

藍光分散在地球上空的大氣層。

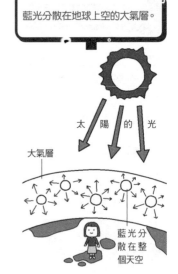

太 陽 的 光

大氣層

藍光分散在整個天空

①含有各種顏色的太陽光

太陽光含有紅色、黃色、藍色等各種顏色的色光。這些光混和在一起，讓太陽光變成偏白的顏色。

②大氣會分散光線

太陽光中的藍光，具有碰撞到覆蓋在地球上的大氣粒子時容易分散的性質。至於藍色以外的光則會直線前進，不容易分散。

③天空因為藍光分散所以看起來是藍色的

不同色光在大氣中的分散量也不一樣。靠近地面的太陽光當中，只有藍光因為分散而佈滿上空。分散在空中的藍光傳到我們的眼睛，所以天空看起來就是藍色的。

7月 26日

運動的隔天為什麼會肌肉酸痛?

❓ 動動腦

為了防止肌肉酸痛,確實做好暖身運動很重要。

❶因為形成了造成酸痛的物質

❷因為大腦混亂,產生錯覺

❸因為骨骼內部被破壞

➡ 答案 ❶ 造成疼痛的物質,刺激了肌肉的膜與神經。

🔍 這就是秘密!

①造成肌肉疼痛的肌肉酸痛

運動過後,隔天發生肌肉疲勞、身體酸痛的現象稱為「肌肉酸痛」。我們不清楚造成肌肉酸痛的原因,但可以推測或許與前列腺素這種物質有關。

以前認為造成肌肉酸痛的原因是「乳酸」這種物質,但現在則判斷是其他原因。

②肌肉發炎

平常沒有活動的肌肉,因為運動等緣故而突然動起來,就會變成類似輕微受傷的狀態。這種輕微受傷會造成腫脹、發熱的發炎現象,而過一段時間就會復原。

③前列腺素刺激神經

發炎會產生「前列腺素」這種物質。或許因為這種物質刺激了肌肉的膜與周圍的神經,造成肌肉的酸痛。

自然

7月 27日

在陰涼處摸鐵棒，
為什麼會覺得冰？

💡 **解決疑問！**

手的熱量傳到鐵棒，鐵棒就會逐漸變得溫暖。

鐵容易導熱，所以會帶走手的熱量。

🔍 **這就是秘密！**

熱量從觸摸鐵棒的部分，逐漸傳導到鐵棒。

①物質想要變成同樣的溫度

物質具有想要與周圍變成同樣溫度的性質。熱水會變涼，就是因為這個性質的關係。既然如此，陰涼處的鐵棒，溫度應該與木棒相同才對，我們卻會覺得鐵棒比較冰。

熱量從手移動

覺得冰

②容易傳導熱量的鐵棒

有些物質容易導熱，有些則不容易。鐵比木頭容易導熱，所以會從摸鐵棒的手逐漸帶走熱量，我們就會覺得鐵棒比周圍的空氣更冰。

③廚具使用金屬製作就是因為容易導熱

容易導熱的程度稱為「熱傳導率」。一般的金屬是熱傳導率高的物質。平底鍋、湯鍋等之所以使用金屬製作，就是因為能夠傳導更多的熱量，有效率地加熱食物。

7月 28日

冰箱為什麼會冷？

動動腦

仔細觀察冰箱,是否發現了不熟悉的裝置呢?

❶因為冰箱的壁面內側塞滿了冰塊

❷因為吹出冰冷的風

❸因為冰箱把熱量排出去

➡ 答案 ❸ 冰箱使用「冷媒」這種物質,把熱量排出去。

這就是秘密!

冷卻冷媒,就能冷卻整個冰箱。

①物質的溫度會因為壓力改變而變化

氣體具有施加壓力就會變成液體、釋放出熱量的性質。至於液體則有因為壓力減少而變成氣體、帶走熱量的性質,這時被帶走的熱量,就稱為汽化熱。

②冷媒變成氣體時,就會帶走裡面的熱量

冰箱裡面有裝著冷媒的管線。冰箱利用「冷卻器」裝置,減少液體冷媒的壓力,使冷媒變成氣體,藉此透過汽化熱的作用冷卻冰箱內部。

③把冷媒變成液體,排出釋放的熱量

變成氣體的冷媒,受到來自壓縮機的壓力,經由凝縮器(散熱器)變成液體。這時,冷媒釋放的熱排出,變成液體的冷媒再度被送進冷卻器。

7月 29日

威廉‧倫琴

倫琴似乎很堅持使用X射線這個名稱呢！

❓ 他是誰？

他發現了X光攝影時使用的X射線。

👤 原來這麼厲害！

第1張X光片拍的是倫琴夫人的手。

①他發現了能夠穿透物體的X射線

倫琴是出生於現在德國萊內普的物理學家。他在某天，發現從實驗裝置中發出了眼睛看不見的光，而這種光能夠穿透物體，所以命名為X射線。

②他讓所有人都能使用X射線

倫琴因為發現X射線而獲得第一屆諾貝爾物理學獎。但倫琴不只把獎金全部捐給大學，而且也沒有申請X射線的專利，讓任何人都能使用。

③診斷疾病時不可缺少的X射線

現在，使用X射線的X光攝影，不只用在受傷與疾病的診斷、健康檢查等醫學用途，也廣泛使用於機場的手提行李檢查與建築物的檢查。

豆漿是怎麼變成豆腐的？

解決疑問！

鹽滷主要提煉自海水。

加入「鹽滷」這種液體，
豆漿就會凝固。

這就是秘密！

從大豆擰出來的豆漿，加入鹽滷凝固。

①在豆漿裡加入鹽滷製成豆腐

豆漿是把浸泡過的大豆磨碎、煮熟，再擰出來的汁液。豆腐則是把豆漿與含有氯化鎂成分的鹽滷混和，所凝固而成的食物。

鹽滷

擰出汁液後的
殘渣=豆渣

②豆漿裡面含有「大豆蛋白」

鹽滷中的氯化鎂，分成帶負電的氯離子與帶正電的鎂離子。而豆漿裡面則含有許多「大豆蛋白」這種蛋白質。

擰出的汁液=豆漿

③大豆蛋白因為鎂而結合

大豆蛋白有帶負電的部分，把鹽滷加進豆漿，帶正電的鎂離子就會與這個部分結合。於是大豆蛋白逐漸結合在一起，豆漿就因此而凝固。

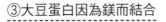

7月 31日

生物

淡水魚在海裡會死掉嗎？

動動腦

❶ 能夠直接活下去
❷ 幾乎都會死掉
❸ 會為了活下去改造身體

其實人類如果在海裡面泡太久，身體也會不舒服。

➡ 答案 **2**　淡水魚無法將體內的鹽分維持在固定的量。

 這就是秘密！

魚的身體結構，因為生活的場所而不同。

①鹽分的濃度決定水的流向

住在河裡或湖裡的淡水魚如果去到海裡，就會因為體內的水分被鹽分高的海水奪走而死去。

②海水魚能夠調節體內的鹽分

至於原本就住在海裡的海水魚，會為了必免體內水分不足而喝大量的水，只排出水裡的鹽分，並減少小便的量，以避免體內缺水。

③能夠生活在淡水也能生活在海水的魚

至於在河流與海水之間往來的鮭魚、鰻魚，以及住在河口附近的彈塗魚，能夠用鰓調節鹽分的進出，所以在淡水與在海水都能生存。

8月 1日

海水為什麼是鹹的？

 **動動腦**

❶因為魚流的汗溶進海水裡

❷因為很久以前就溶進了鹹味的來源

❸因為全世界的國家都把鹽沖進去

➡ 答案 **2** 因為海水裡面，含有「氯」這個鹹味來源。

有些鹽就是把海水曬乾製成的呢！

 **這就是秘密！**

很久以前的地球活動，造就了帶有鹹味的海水。

①海水裡面溶進了鹽的原料

海水之所以會鹹，是因為溶進了氯與鈉這2種物質。這2種物質是我們平常吃的鹽的原料，所以海水也會讓人覺得鹹。

②以前的海是鹽酸之海

地球剛形成的時候，空氣裡面含有許多火山活動等產生的氯。這些氯與空氣中的水分一起變成雨落到地上，形成了含有許多氯的海洋。

③岩石中的鈉溶進海裡

海水在含有許多氯的時候呈現酸性，具有溶解岩石的性質。海水形成之後，花了很長的時間溶解土壤與岩石所含的鈉，才變成現在這種鹹鹹的海水。

8月 2日

流汗的目的是什麼？

💡 **解決疑問！**

雖然流汗可能不舒服，但卻是必要的。

汗水蒸發的時候，會帶走身上的熱量。

🔍 **這就是秘密！**

外分泌汗腺遍布全身，頂漿腺則多半分布於腋下等部位。

①炎熱的時候幫身體降溫的汗水

汗水在炎熱的時候或運動的時候，從遍布全身的小洞「汗腺」流出。並且利用水分蒸發時，會從周圍帶走熱量（汽化熱）的性質，幫助身體冷卻。

②流汗的部位有2種

蒸發的時候會帶走熱量

毛髮
汗水
皮膚

外分泌汗腺　　頂漿腺

汗水從皮膚上被稱為「汗腺」的部位流出來。遍布人體全身的汗腺，分成外分泌汗腺與頂漿腺2種，但人類不管從哪種汗腺流出的汗，主要功能都是調節體溫。

③不流汗就會中暑！？

不太流汗的人，身體的熱無法順利釋放，因此熱量就累積在身體裡，容易產生中暑之類的症狀。

8月 3日

為什麼在海裡比較容易浮起來？

❶因為海水裡面住著很多魚

❷因為海水含有大量酵素

❸因為海水是鹽水

請想想看游泳池的水與海水有什麼不一樣。

➡ 答案 ❸ 在密度高的鹽水裡，比在一般的水裡容易浮起來。

這就是秘密！

以色列的死海，鹽分濃度很高，所以身體似乎非常容易浮起來喔！

①把東西浮起來的浮力

水之類的液體把東西浮起來的力稱為「浮力」。物體承受的浮力，與物體排開的液體重量相等。所以相同體積的物體，承受同樣大小的浮力。

②只有密度比液體小的物體才會浮起來

但實際上，有些物體會沉在水裡，有些物體則會浮起來。這是因為即使物體的體積相同，密度（→P111）也不一樣。物體的密度必須比液體小，才能在液體裡浮起來。

③在鹽水裡比在水裡容易浮起來！？

鹽水的密度比水大，所以即使相同體積，鹽水的浮力也比水更大。於是，密度比鹽水大，比水小的物體就能浮起來。海水也是鹽水，所以在海水裡比較容易浮起來。

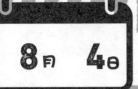

電磁爐的原理是什麼？

解決疑問！

磁力產生電流，利用電阻加熱鍋子。

電磁爐的英文「Induction Heating」是感應加熱的意思。

這就是秘密！

①靠磁力加熱鍋子

靠電力加熱鍋子的爐具稱為電磁爐。電磁爐靠著電力產生磁力，藉此加熱東西。

②鍋子產生渦電流

電磁爐裡面，安裝了導線捲成的線圈。線圈通電會產生磁力，而磁力遇到鍋子，就會產生「渦電流」。

③電阻讓渦電流轉變成熱

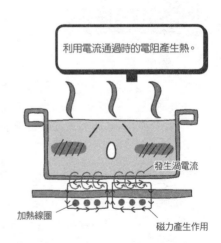

利用電流通過時的電阻產生熱。

發生渦電流

加熱線圈

磁力產生作用

電流不容易通過的程度稱為「電阻」，電阻大小依物質而異。電流通過電阻大的物質會產生熱，所以電磁爐就能加熱物體。尤其鐵的電阻大，剛好適合電磁爐。

245

8月 5日 發明

為什麼拍X光片能夠看到身體裡面？

💡 **解決疑問！**

因為X射線穿透骨骼與穿透肌肉的程度不同。

> 因為穿透的程度不同,才能形成黑白的對比。

🔍 **這就是秘密！**

①X射線是一種電磁波

倫琴(→P238)發現的X射線,和光一樣是電磁波,不過波長比光更短,所以我們看不到。此外,X射線也屬於一種放射線(→P302)。

②X射線穿透的程度不同

X射線雖然能夠穿透我們的身體,但是骨骼與肌肉等不同的組織,容易穿透的程度都不一樣。X光攝影就利用這樣的差異,拍出體內的影像。

③不容易穿透的骨骼等呈現白色

拍攝的時候,在身體的一邊放著感應X射線的感光版(底片),從另一邊打出X射線。而X射線容易穿透的肌肉,在底片上呈現黑色,不容易穿透的骨骼則呈現白色。

> 把X射線打在身體上時,容易通過的部分拍起來是黑色的。

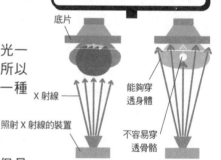

底片

X射線

照射X射線的裝置

能夠穿透身體

不容易穿透骨骼

8月 6日

食物

酸梅和鰻魚一起吃不好嗎？

動動腦

❶對身體不好

❷對身體沒有不良影響

❸以前的酸梅不好

➡ 答案 **2** 酸梅反而可以幫助鰻魚消化。

油膩的鰻魚，和清爽的酸梅搭配起來如何呢？

這就是秘密！

①不能一起吃的相剋食物

據說酸梅和鰻魚一起吃會吃壞肚子。像這種自古以來認為對身體不好的食物組合，稱為「相剋食物」。

②相剋食物有很多種

相剋食物除了酸梅與鰻魚之外，還有香魚與牛蒡、泥鰍與山藥等等。但實際上多數的相剋食物，都沒有對身體不好的證據。

③古代人為了謹慎而想出來的！？

不過，我們可以想像得到部分相剋食物誕生的理由。譬如香魚與牛蒡捕撈或採收的時節不一樣，如果一起吃，其中一種就會變得不新鮮。相剋食物或許是以前的人為了謹慎而想出來的。

也有人說，酸梅反而可以幫鰻魚解膩呢！

247

8月 7日

為什麼水蜘蛛不會沉下去？

好像忍者一樣，我一定做不到啊……

解決疑問！

水蜘蛛的身體非常輕，腳的毛也能把水彈開。

這就是秘密！

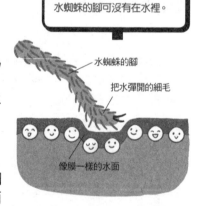

水蜘蛛的腳可沒有在水裡。

水蜘蛛的腳
把水彈開的細毛
像膜一樣的水面

①表面張力讓物體不容易沉下去

水有盡可能聚集在一起的性質，稱為「表面張力」。因為表面張力的作用，讓水面變成彷彿一層膜。輕巧地浮在水面上的1日圓硬幣，就浮在這層膜上。

②水蜘蛛因為表面張力而浮在水面上

水蜘蛛的腳，長著一層附著油分的細毛。附著油分的毛把水彈開，水的表面張力在這個部分發揮作用，所以腳就不會沉入水裡。再者，水蜘蛛的體重非常輕，這也是不會沉下去的理由。

③丟進肥皂就會下沉！？

肥皂會讓水的表面張力變弱。所以如果把肥皂丟進水蜘蛛漂浮的地方，水蜘蛛就會沉下去。

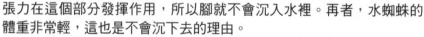

海浪從哪裡來?

? 動動腦

❶主要是風造成的

❷主要是地震造成的

❸主要是地球磁力造成的

➡ 答案 **1** 海浪多半由風造成,
或是風造成的海浪傳到遠方。

海浪在什麼時候會變大呢?

🔍 這就是秘密!

颱風在距離陸地遙遠的海上生成時,浪就會變成長浪傳到岸邊。

①風造成的風浪

對著裝在杯子裡的水吹氣,表面就會形成小小的浪。海浪也同樣是由風造成的。由風造成的海浪,就稱為風浪。

②在遠處形成的長浪

至於風在遠方形成的浪,從遠方傳來就稱為長浪。有些特別大的長浪被稱為「瘋狗浪」。瘋狗浪也會在颱風的時候發生,帶來重大災害。

③水在原地上下移動

不管是風浪還是長浪,都是表面的水,因為受到風吹而上下移動所產生的。水本身並不會朝著浪前進的方向移動。

曬傷為什麼會脫皮？

解決疑問！

過度曝曬而死去的皮膚細胞剝落，形成脫皮。

曬太多太陽也不好，任何事情都要適量。

這就是秘密！

8月

①黑色素保護身體不受紫外線傷害

太陽光含有對身體有害的光，稱為「紫外線」。我們的皮膚細胞能夠製造「黑色素」，保護身體避免受紫外線傷害。

②黑色素因為紫外線而增加

如果照射盛夏烈日，暴露在大量紫外線下，皮膚就會製造黑色素來阻擋紫外線。
黑色素與皮膚細胞結合，使皮膚變得比較黑，就是曬黑的狀態。

③細胞照射過多的紫外線會死亡

夏天剛開始的時候，皮膚製造的黑色素較少，如果暴露在強烈紫外線下，無法阻擋紫外線的皮膚細胞就會死亡。死去的皮膚細胞從身體表面剝落，所以就會脫皮。

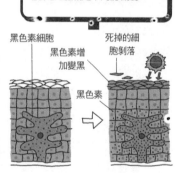

脫皮與曬黑是不同的機制

黑色素細胞　　死掉的細胞剝落
黑色素增加變黑
黑色素

自然

閱讀日期　月　日

可燃物與不可燃物有什麼不同？

？ 動動腦

❶輕重不同
❷溫度升高的難易度不同
❸與氧結合的難易度不同

➡ 答案 ❸ 可燃物容易與氧結合。

燃燒的現象是怎麼形成的呢？

🔍 這就是秘密！

有些物質就像線香一樣，就算燃燒也不會起火。

①燃燒是與氧劇烈結合的現象

木頭與紙張等物體，點火就會冒出火焰燃燒。這是因為木頭與紙的成分，與空氣中的氧劇烈結合。燃燒現象就是物質與氧結合的氧化反應中，冒出火焰的劇烈反應。

②含有碳原子的物質容易燃燒

容易燃燒的物質，就是容易與氧結合的物質。木頭、紙張等容易燃燒的物質，多數含有「碳」這種原子（→P312），碳原子經過燃燒就會變成二氧化碳。

③已經與氧結合就不容易燃燒

至於石灰石與水等，已經與氧結合的物質，或是黃金等原本就很難與氧結合的物質，基本上不可燃。

8月 11日

蚊香與普通的香有什麼不同？

動動腦

❶ 成分不同

❷ 顏色不同

❸ 雖然名稱不同，卻是同樣的東西

普通的香無法殺死蚊子。

➡️ 答案 **1** 蚊香裡面混和了能夠殺死蚊子的成分。

這就是秘密！

蚊香在剛發明出來的那幾年，不是螺旋狀，而是棒狀。

①蚊子不會因為普通的香死掉

普通的香，主要是把楠木這種樹木的皮磨成粉，再混和萃取自植物的香氣成分，加水揉製而成。裡面不含殺蟲成分，所以就算點燃也無法把蚊子殺死。

②在線香的材料裡混和除蟲菊成分製成蚊香

蚊香在距今約130年前發明，製作方法就是在楠木裡混和除蟲菊成分。除蟲菊是一種菊花，含有能夠殺死蚊蟲的物質「除蟲菊精」。

③現在已經不太使用除蟲菊

但距今約65年前，工廠開始製造與「除蟲菊精」相同的成分，所以蚊香就越來越少使用除蟲菊了。

8月

8月 12日

發明

閱讀日期　　　月　　日

格拉漢姆・貝爾

？ 他是誰？

他畢生都持續支援聽障人士。

他發明了電話，並且成立電話公司，讓電話普及。

原來這麼厲害！

①他的第一件發明是為了幫助朋友

貝爾是在英國北部的蘇格蘭出生的科學家。他在12歲的時候，為了朋友與朋友的家人，發明了麥子的脫殼機。據說這是貝爾的第一件發明。

②他受母親聽障的影響開始研究聲音

貝爾在母親的耳朵出問題後，開始對聽覺與聲音的研究產生興趣。接著開始研究靠著電力傳達聲音與音樂的方法。最後終於在1876年，成功發明了電話。

③發明電話，成立電話公司

貝爾因為發明了電話而成立電話公司。愛迪生（→P260）買下了改良電話的權利後，通話的距離變得更長，電話也越來越普及。

聲音的振動變成電傳送，再度恢復成振動

振動變成電子訊號

金屬振動板振動

電子訊號變回振動

食物

8月 13日

砂糖為什麼不會壞？

黴菌與細菌也是生物，沒有水就無法生存。

砂糖能夠從導致食物腐敗的微生物身上帶走水分。

砂糖從附著在表面的微生物身上奪走水分

①砂糖是有機物卻不會壞

腐敗就是含碳的有機物被微生物分解。幾乎所有的有機物都會腐敗，但砂糖卻是非常不容易腐敗的物質。

②砂糖容易與水分結合

砂糖具有容易與水分結合的性質。所以附著在砂糖上的微生物，水分會被砂糖吸走。微生物活動需要水分，水分被吸走就會死亡。

細菌

黴菌

砂糖

吸收水分

③溶在水裡就變得容易壞

而且砂糖是分子（→P127）排列整齊的結晶，微生物難以附著。但溶在水裡結晶就會被破壞，也不再能夠吸收水分，所以就變得容易壞。

 生物

毛毛蟲的蛹裡面是什麼狀況？

身體的形態改變，有點難以想像呢……

❶ 硬梆梆的
❷ 黏呼呼的
❸ 軟綿綿的

→ 答案 ❷　毛毛蟲大部分的身體溶解，變得黏呼呼的。

裡面黏呼呼的蛹，無法承受衝擊。

①變成蛹的完全變態

昆蟲在成長過程中改變形態的情況稱為「變態」。蝴蝶或獨角仙等昆蟲，從幼蟲成為成蟲之前，會先變成蛹。像這種成為成蟲之前先變成蛹的變態，稱為「完全變態」。

②蛹裡面黏呼呼的

幼蟲與成蟲的身體結構完全不同，所以蛹裡面的幼蟲，身體的肌肉等會溶解變成奶油狀。但神經等重要器官，有一部分會原封不動保留下來。

③黏呼呼的部分成形就成為成蟲

溶解的部分過了一段時間就會逐漸形成成蟲的翅膀、腳、觸角等。等到成蟲的身體形成之後，就會羽化，破蛹而出。

8月 15日

夏天的時候，有地方是冬天嗎？

💡 **解決疑問！**

南半球的澳洲，聖誕老公公會在夏天的時候來呢！

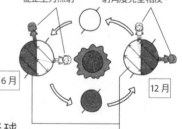

北半球與南半球，有時候季節完全相反。

🔍 **這就是秘密！**

①陽光照射的角度依季節而異

地球的自轉軸是傾斜的，所以北半球的太陽光，在6月時從正上方照射，12月時則從斜向照射。太陽光越接近直射越溫暖，所以北半球在6月左右是夏天，12月左右是冬天。

②南半球的陽光照射角度相反

至於陽光在南半球的照射角度，則與北半球完全相反。換句話說，6月的白天短，太陽光從斜向照射，12月的白天長，太陽光從正上方照射。

南半球的陽光照射角度，與北半球完全相反喔！

白天長，太陽光從正上方照射。　　南半球的陽光照射角度完全相反。

6月

12月

南半球的陽光照射角度完全相反。

③6月寒冷，12月炎熱！？

所以，在北半球的夏天6月，南半球的氣溫低，北半球的冬天12月，南半球則變得溫暖。所以北半球與南半球的季節完全相反。

8月 16日

為什麼35℃的洗澡水和35℃的天氣感覺不一樣?

動動腦

①因為使用的溫度單位不一樣

②因為水與空氣容易導熱的程度不一樣

③因為泡澡時皮膚會吸收水分

➡ 答案 **2** 因為水容易導熱,
所以泡35℃的洗澡水會覺得不夠熱。

25℃的游泳池與25℃的氣溫相比,也會覺得游泳池比較冷吧?

這就是秘密!

長時間泡在游泳池裡,當然比泡澡更容易失去體溫。

①水容易導熱

熱量會從熱的物品傳到冷的物品。容易導熱的程度依物品而異,空氣與水相比,水遠比空氣容易導熱。

②35℃的水會帶走身體的熱量

我們的體溫為36~37℃,所以泡在35℃的水裡時,身體的熱會被帶走,就會覺得不夠熱。但空氣不容易導熱,就算氣溫35℃也不容易帶走身體的熱,所以就會覺得熱。

③38℃的洗澡水不夠熱!?

不過,38℃的洗澡水明明高於體溫,卻仍然只覺得溫溫的,但同樣38℃的空氣就會覺得很熱。這或許是因為熱水的體感溫度低於我們想像,所以會讓人覺得不夠熱吧?

自然

8月 17日

冰塊為什麼會浮在水面上？

解決疑問！

不過一般的物質變成固體之後，密度都會變大呢！

冰塊的密度比水小，所以能夠浮在水面上。

這就是秘密！

水變成冰之後，重量不變，體積增加。

①物質改變形態的狀態變化

原本是液體的水，在100℃時會變成氣體的水蒸氣，在0℃時會變成固體的冰。固體指的是能夠保持固定形狀與大小的狀態。物質像這樣隨著溫度改變形態，就稱為狀態變化。

②水變成冰體積會增加

水變成冰時體積會增加，但重量沒有改變。所以冰的密度（→P111）比水小。水的密度約為$1g/cm^3$，冰的密度則約$0.92g/cm^3$。

③密度小的物質會浮起來

密度比液體更小的物質，就會浮在液體上。所以密度比較小的冰，就會浮在水面上。至於人的密度雖然比水大，卻因為肺部儲存了空氣，所以能夠浮起來。

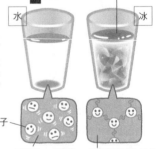

水　　　　　　冰

體積稍微增加

水分子

聚集在一起運動　　保留空隙彼此結合

8月 18日

電動車與汽車，哪種比較環保？

? 動動腦

❶電動車比較環保

❷汽車比較環保

❸都差不多

➡ 答案 ❸ 必須改變發電的方法，兩者才會產生差異。

大家知道電是怎麼來的嗎？

🔍 這就是秘密！

火力發電仍然佔了很大的比重呢……

①造成全球暖化的二氧化碳

二氧化碳是造成地球平均溫度上升、全球暖化（→P65）的物質。因此世界各國都致力於避免排放二氧化碳。

②行駛時不會排出二氧化碳的電動車

汽車行駛時燃燒汽油，排出二氧化碳與水。至於電動車行駛時，則使用儲存在電池裡的電，所以不會排出二氧化碳。

③需要再生能源的普及

不過，電動車使用的電來自發電廠，而現行的發電廠，多數是會排出二氧化碳的火力發電廠。所以只要再生能源比現在更普及，電動車才能變成環保的交通工具。

8月 19日

湯瑪斯・愛迪生

? 他是誰？

他擁有1300項以上的專利,被稱為「發明大王」。

他成功將留聲機與白熾燈泡商品化。

原來這麼厲害！

自動發送電報的機器,竟然是為了在工作時偷懶的發明。

①他在17歲時發明自動電報機

愛迪生出生於美國俄亥俄州,從小就擁有強烈的好奇心。他對機械也有興趣,17歲時發明了自動發送電報的電報機。

②他接連將留聲機、電話、白熾燈泡商品化

他在22歲時,發明了顯示股價行情的機器而得到利益,從此之後走上發明家之路。後來接連將錄音用的留聲機、電話、電氣鐵路、白熾燈泡等各式各樣的發明實用化、商品化。

③成立全世界第一家電力公司

愛迪生也成立了全世界第一家電力公司。這家電力公司,不久之後發展成為全世界代表性的大企業「奇異公司」。

食物

8月 20日

閱讀日期　　月　日

西瓜為什麼會有條紋？

解決疑問！

西瓜的條紋越深，通常賣得越好。

瓜科特有的垂直纖維，恰巧長成條紋的模樣。

這就是秘密！

①和南瓜一樣的垂直纖維

西瓜和小黃瓜、南瓜一樣，都是瓜科植物。小黃瓜與南瓜有垂直的纖維，而西瓜的條紋就和這些纖維一樣，只是恰巧長成條紋的模樣。

西瓜的條紋，和南瓜或小黃瓜的垂直纖維一樣

南瓜

西瓜

垂直條紋

小黃瓜

纖維變粗形成的條紋

②因為品種改良而長出的條紋

野生的西瓜沒有條紋，400多年前人們在吃的西瓜也沒有條紋。西瓜的條紋，是在不斷的品種改良中，恰巧長出來的。

③現在也培育出沒有條紋的西瓜

在國外許多地方也販賣沒有條紋的品種，而近來也種出幾乎看不見條紋的黑色西瓜。

8月 21日

生物

蟬與蟋蟀為什麼會叫？

蟬的繁殖期在夏天，蟋蟀的繁殖期在秋天。

🔍 這就是秘密！

蟬為了發出響亮的聲音，腹部幾乎都是空洞呢！

①雄性為了尋找交配對象而鳴叫

蟬與蟋蟀都只有雄性才會鳴叫。這些昆蟲透過鳴叫通知雌性自己的所在位置，進而尋找交配的對象。雌性受到大聲的鳴叫邀請而靠近，就會開始交配。

②也會為了宣告地盤而鳴叫

但鳴叫的原因不是只有尋找交配的對象。蟋蟀也會為了宣告自己的地盤而鳴叫。

③蟬透過振動鼓膜鳴叫，蟋蟀則透過摩擦翅膀鳴叫

蟬使用腹部的肌肉「發聲肌」，振動鼓膜發出聲音。這個聲音被腹部的空洞放大，變成響亮的鳴聲。至於蟋蟀，則透過前後的翅膀互相摩擦發出聲音。

8月 22日

流星會掉到哪裡？

大型隕石掉落，就會形成隕石坑。

流星會變成隕石，掉到各個地方。

 這就是秘密！

①小型天體撞擊地球的大氣

流星的真面目是繞著太陽的小型天體。這些小型天體高速撞擊地球的大氣，使周圍的空氣變成電漿狀態，發出亮光。

②部分人造衛星也會變成流星

除了自然的天體之外，舊的人造衛星也會變成流星。至於短時間產生大量流星的流星雨，這是由彗星造成的（→P220）。

③落在地上的流星就是隕石

沒有燒光就落到地面的流星是隕石。

100km
多半在途中就燃燒精光
與空氣摩擦燃燒發光

70km
偶爾沒燒光就落到地面

多數的流星大小只有數公分左右，在抵達地面之前就會燃燒精光。但如果流星大到一定程度，沒有燒光就落到地面，則稱為隕石。

8月 23日

身體 ♥

被蚊子叮為什麼會癢？

動動腦

❶因為我們把被叮咬的疼痛誤以為是癢

❷因為被叮咬的部位血變少

❸因為被叮咬的部位產生過敏反應

被叮咬的部位，也會發紅、發腫呢！

➡ 答案 ❸　蚊子注入的液體帶來過敏反應。

這就是秘密！

痛跟癢，哪種比較好呢……

①會吸血的只有雌性

到了夏天就會出現的蚊子，會吸血的只有雌性。雌性為了吸收產卵的養分，用口器刺入營養豐富的動物皮膚，吸取血液。

②注入類似麻醉藥的液體

蚊子為了避免動物發現皮膚被叮咬，口器長得非常細。蚊子用口器刺入皮膚後，首先注入液體。這種液體具有避免動物感覺疼痛，以及避免血液凝結的作用。

③因為液體而產生過敏反應

蚊子離開之後，液體仍繼續留在動物的身體裡。於是免疫系統發揮作用，產生過敏反應（→P301），被叮咬的部分就會紅腫發癢。

8月 24日

裝著冰水的杯子為什麼會出現水滴？

💡 解決疑問！

如果不是冷飲，水滴就不會附著喔！

冷卻的水蒸氣變成水，於是水滴就附著在杯子上。

🔍 這就是秘密！

①空氣中的水蒸氣含量是固定的

空氣中含有許多水蒸氣，而空氣中的水蒸氣含量上限，隨著溫度而改變，溫度越低量越少。

②空氣被冷卻，水蒸氣變成水

裝著冰水的杯子放在房間裡，杯子周圍的空氣就會被冷卻。於是空氣中的水蒸氣含量上限降低，多餘的水蒸氣變成水，所以水滴就會附著在杯子表面。

③濕度顯示空氣中的水蒸氣含量

天氣預報會顯示「濕度」這個數值。濕度指的是實際的水蒸氣含量，相對於這個溫度的空氣中水蒸氣含量上限的比例。

空氣冷卻，能夠維持水蒸氣狀態的水量就會減少。

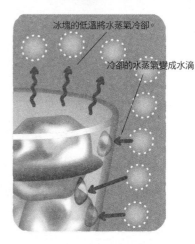

冰塊的低溫將水蒸氣冷卻。

冷卻的水蒸氣變成水滴

8月 25日

物品的原理

為什麼滅火器能夠滅火？

動動腦

❶因為滅火器能夠破壞燃燒的東西

❷因為滅火器能夠阻止火與空氣接觸

❸因為滅火器能讓火過度燃燒

並不是潑水就能滅火呢！

➡ 答案 **2** 滅火器能夠隔絕火焰燃燒需要的氧氣。

這就是秘密！

潑水有時候也會造成反效果。

①滅火的方法有3種

火焰燃燒需要火源、氧氣與熱。移除火源、移除空氣中的氧氣，或是降低溫度都能滅火。

②能夠應付各種火災的ABC乾粉滅火器

根據火災內容，有各種不同的滅火器。最常見的ABC乾粉滅火器，能夠應付木頭、油、電器設備等各種不同的火災。

③磷酸銨鹽能夠隔絕空氣

ABC乾粉滅火器裡面裝的是磷酸銨鹽的粉末，以及將粉末噴出的氣體。噴向火源的磷酸銨鹽粉末，能夠阻擋空氣靠近火源，火源就會因為失去氧氣而熄滅。

8月

8月 26日

發明

燈泡為什麼會亮？

解決疑問！

現在大家幾乎都換成LED燈泡了……

電子在燈泡的燈絲中產生亮光。

這就是秘密！

使用京都的竹子製成的燈泡，大約可以連續發光1200小時

京都的竹子

炭化製成燈絲

①白熾燈泡中有燈絲

自從愛迪生發明白熾燈泡之後，就被長久使用至今。燈泡裡面安裝著燈絲，而燈絲是由「鎢」這種金屬的絲線，捲成螺旋狀製成。

②電子在燈絲中碰撞發光

燈泡的光就來自燈絲。電流通過燈絲時，電子（→P391）與鎢原子（→P312）碰撞，於是電子的能量就有一部分轉換成光能。

③使用日本的竹子製作的愛迪生燈泡

愛迪生最早商品化的白熾燈泡，使用竹炭製成的燈絲。當時找了全世界1000種以上的竹子進行實驗，最後採用了京都府石清水八幡宮的竹子。

8月 27日

食物

閱讀日期　　月　日

敲西瓜就能知道好不好吃嗎？

只要耳朵好，就什麼都能知道吧？

❶完全無法知道

❷能夠知道熟度與甜度

❸能夠知道熟度

➡ 答案　**3**　只能在一定程度上判斷熟度。

🔍 這就是秘密！

①聲音會因為熟度而不一樣嗎？

超市裡陳列的西瓜，混和了不同的熟度。據說分辨西瓜是否成熟，可以根據敲西瓜時發出的聲音判斷。

就算想買到好吃的西瓜，也不能在超市敲個不停喔！

②越熟的西瓜聲音越低？

一般而言，敲西瓜發出的聲音越高越生，越低越熟。但如果發出的聲音太低，西瓜可能就過熟了。

③有空洞的西瓜無法傳遞震動！？

此外，如果西瓜有空洞，肉質不夠緊緻，用手托著，輕敲另外一側時，震動無法傳到托著的手，所以大致能夠區分。

生物

8月 28日

閱讀日期　　月　日

為什麼燕子只在夏天出現？

燕子就像是在夏天來到涼爽的地方度假。

💡 解決疑問！

燕子是在夏天從南方前來的候鳥。

🔍 這就是秘密！

燕子在一年當中只移動2次，分別是夏天與冬天。

①燕子是候鳥

有些鳥類會隨著季節改變居住的區域，這種鳥稱為候鳥。燕子就是一種候鳥，冬天居住在南邊溫暖的地方。

②夏天前來北方的夏鳥

燕子在夏天來北方育雛，到了秋天啟程前往南方。像這種在夏天來到北方的候鳥稱為夏鳥，除了燕子之外還有灰面鵟與布穀鳥等。

夏天來到涼爽的北方

冬天去到溫暖的南方

③冬天前來的冬鳥

至於天鵝與鶴，則在夏天前往更北邊涼爽的地方育雛，冬天來到溫暖的南方。像這種冬天來到南方的候鳥稱為冬鳥。除了夏鳥與冬鳥之外，還有鷸鳥與　鳥等在旅行途中停靠的候鳥。

269

8月 29日

太陽為什麼能在沒有空氣的宇宙燃燒？

解決疑問！

看起來像團火球的東西，其實是高溫的氣體喔！

太陽因為核融合反應，看起來像是在燃燒。

這就是秘密！

①太陽是氫氣形成的星球

說到星球，就會想到像我們的地球一樣，由岩石形成的星體。但太陽是由「氫」這種氣體聚集而成的氣體星球，不像地球是由堅硬的岩石形成。

②發生在中心部分的核融合

太陽的中心部分，呈現高溫、高壓的狀態，溫度約1500萬℃，壓力約2500億大氣壓。在這裡發生由4個氫原子（→P312）結合而成氦原子的核融合反應。

③核融合產生熱

太陽總是噴出高溫的氣體

日冕　高溫的氣體層

黑子　因為溫度較低，所以看起來是黑色的。

日珥　像火焰一樣噴出的氣體。

發生核融合會產生大量的能量，發生光與熱。這樣的光與熱，讓太陽看起來好像正在熊熊燃燒。

身體

運動神經能夠藉由訓練變好嗎?

？ 動動腦

❶訓練運動神經能夠讓移動速度變快

❷訓練運動神經能夠讓力量變強

❸運動神經無法訓練

➡ 答案 ❸　運動神經指的是把大腦的
命令傳達給肌肉的神經。

你覺得神經有辦法被訓練嗎……?

🔍 這就是秘密!

來自大腦的訊號透過運動神經
傳達,命令肌肉活動。

①運動神經無法訓練
- - - - - - - - - - - - - - - - - - -

我們的身體存在著運動神經,能夠將活動
身體的命令從大腦傳達給肌肉。運動神經
的結構與作用,每個人都一樣,所以無法
訓練。

②反覆正確的動作,就能增強運動能力?
- -

所以想要增強運動能力,需要其他方法。其中一個方法就是反覆正確
的動作,讓身體記住。只要一次又一次地重複,從大腦傳達的命令就
能變得更順暢。

③鍛鍊肌肉,讓身體更柔軟
- - - - - - - - - - - - - - - - - - -

此外,鍛鍊肌肉讓動作的速度變快、提高身體的柔軟度讓動作的範圍
變廣,也能讓運動能力變得更好。

8月 31日

在游泳池裡聽得到聲音嗎？

? 動動腦

❶ 聽得到

❷ 聽不到

❸ 根據溫度決定聽不聽得到

回想看看實際在游泳池裡游泳的時候。

➡ 答案　**①**　聲音只要有物質就能傳遞，所以在水裡也能聽到聲音。

🔍 這就是秘密！

自己的聲音不只透過耳朵聽到，也透過骨骼傳遞喔！

①只要有物質就能傳遞聲音

聲音的真面目是透過物質振動傳遞的波，所以在沒有任何物質的宇宙無法傳遞。相反地，氣體的空氣、固體的金屬、液體的水等，任何物質都能傳遞聲音。

②在固體與液體中傳遞的聲音

舉例來說，當電車接近時，在鐵路附近就能聽到「哐當哐當」的聲音。這是由鐵路這種固體傳遞的聲音。在游泳池裡面發出的聲音，也能在水中傳遞。

③傳遞的速度依物質而異

聲音傳遞的速度依物質而異。液體比一般的氣體快，固體又比液體快。空氣中的音速約為每秒340m，在水中則為每秒1480m，而鐵的傳遞速度則高達每秒5290m。

9月

9月 1日

物品的原理

閱讀日期　　月　日

為什麼微波爐能夠加熱食物？

解決疑問！

不用開火也能加熱食物。

因為食物中的水分子振動，讓溫度升高。

這就是秘密！

①微波讓水分子振動

微波爐中有製造「微波」這種電波的裝置「磁控管」。微波具有讓水分子（→P127）振動的作用，所以把食物放進微波爐裡，食物所含的水分子就會振動。

②振動時產生熱

水分子振動就會互相摩擦，產生摩擦熱。食物能夠被加熱，就是因為摩擦熱的關係。

③不含水分的物品無法被加熱

至於不含水分的陶瓷器則不會被加熱。容器會變熱，是因為接收了從食物傳遞過來的熱量。此外，金屬與微波反應會產生火花，所以不能放進微波爐裡。

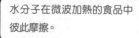

水分子在微波加熱的食品中彼此摩擦。

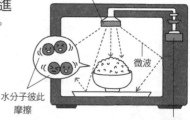

釋放微波的裝置

微波

水分子彼此摩擦

磁控管

9月

9月 2日

北里柴三郎

? 他是誰？

他在德國留學時，成功做到破傷風菌的純粹培養。

他也創立了慶應義塾大學的醫學院。

 原來這麼厲害！

北里柴三郎回國後，與福澤諭吉往來密切。

①前往醫學先進國德國留學

北里柴三郎出生於現在的日本熊本縣，他因為對醫學有興趣而進入東京醫學校（現在的東京大學醫學院）就讀。畢業後前往醫學發達的德國留學，接受細菌學權威柯霍（→P231）的指導。

②成功做到破傷風菌的純粹培養

破傷風菌是造成「破傷風」這種疾病的原因，他在留學時成功做到破傷風菌的純粹培養。所謂純粹培養，指的是只挑出特定的細菌繁殖。後來致力於研究治療破傷風的血清療法，甚至被提名諾貝爾獎。

③回國後對日本的醫學進步帶來貢獻

他回到日本後成為傳染病研究所（現在的東京大學醫科學研究所）的所長，並成立北里研究所（現在的北里大學），為日本的醫學進步帶來貢獻。

閱讀日期　　月　　日

9月 3日

起司為什麼會牽絲?

融化的起司再度加熱就不會牽絲了。

解決疑問!

起司因為有網狀的蛋白質,所以很會牽絲。

這就是秘密!

①酪蛋白形成網狀

起司含有大量的「酪蛋白」。酪蛋白在牽絲的起司中彼此相連,形成像網子一樣的狀態。

②網子容易因為加熱而變形

酪蛋白具有加熱就會變軟的性質。所以把起司拿去烤或炸,網子的形狀就容易改變,起司也變得容易牽絲。

③也有不容易牽絲的起司

不過,起司經過長時間的熟成,酪蛋白像網子一樣的結構就會被分解,所以就不太容易牽絲了。此外,在起司裡加入大量的乳化劑也會破壞網狀結構,所以同樣不容易牽絲。

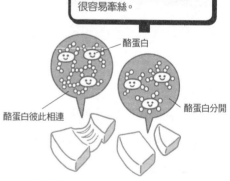

酪蛋白像網子一樣連結的起司很容易牽絲。

酪蛋白

酪蛋白彼此相連

酪蛋白分開

9月

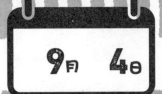

9月 4日

植物的藤蔓為什麼會捲起來？

❓ 動動腦

❶ 植物透過捲曲的藤蔓殺死動物

❷ 植物透過捲曲的藤蔓支撐身體

❸ 植物透過捲曲的藤蔓破壞房子

➡ 答案 ❷　藤蔓植物靠著藤蔓支撐自己的身體。

🔍 這就是秘密！

爬得越高，越容易照射到太陽光。

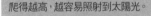

①攀附其他植物或建築物的藤蔓植物

藤蔓植物像是小黃瓜，使用被稱為「卷鬚」的短器官，或像牽牛花一樣，使用藤蔓狀的莖攀附其他植物與建築物。

②靠卷鬚與莖支撐身體

藤蔓植物靠著卷鬚與莖支撐自己的身體，所以不需要粗的莖。莖製造的養分，用來讓藤蔓生長，所以能夠有效率地向上成長。

③觸碰到物體就會改變成長的速度

小黃瓜之類的卷鬚，由莖與葉變化而來。卷鬚觸碰到物體，另一邊就會快速成長。植物就靠著這種方式纏繞物體。

9月 5日

地震容易在日本的什麼地方發生？

日本是世界上地震最多的國家……

解決疑問！

日本附近不管是海還是陸地，都容易發生地震。

這就是秘密！

日本位在造成地震的板塊交界處。

①地球的板塊持續移動

地球覆蓋著許多岩盤，這些岩盤被稱為「板塊」。板塊一點一點地移動，而在板塊的交界處，其中一個板塊會沉沒到另一個板塊的下方。

②板塊移動造成的2種地震

板塊脆弱的部份（斷層）承受不住板塊下沉往下拖的力而錯動，就會引發內陸型地震。至於被往下拖的板塊，想要回到原本的位置所引發的地震，則是海溝型地震。

③日本到處都有很多地震

日本位在4個板塊的交界，太平洋這邊發生過好幾次海溝型地震。至於內陸型地震也都有可能發生，住在任何地方都必須對地震有所警覺。

板塊沉到板塊下方

北美洲板塊

歐亞大陸板塊

太平洋板塊

菲律賓海板塊

9月

身體

閱讀日期　　月　日

為什麼很快就會把夢忘記？

動動腦

❶為了調節能夠記住的記憶量

❷為了避免記憶在醒著的時候發生混亂

❸為了避免回想起不愉快的事情

➡ 答案 **2** 如果記住夢境，記憶就會發生混亂。

你不覺得記住不可能發生的夢境很辛苦嗎？

這就是秘密！

①睡眠有2種

睡眠分成2種，分別是睡得深沉的非快速動眼期睡眠，以及睡得較淺的快速動眼期睡眠。非快速動眼期睡眠，身體與大腦兩者都在休息，快速動眼期睡眠則只有身體在休息，這兩種睡眠交替出現。

夢境並非無中生有，而是從記憶中創造。

②透過做夢整理記憶

夢境主要出現在快速動眼期睡眠。根據推測，大腦或許在快速動眼期睡眠時，透過作夢整理白天發生的事情，確實留下記憶。

③為了防止記憶混亂而忘記夢境

但如果在醒來之後也清楚記得夢境，記憶就會發生混亂。所以也有一說認為，關於夢境的記憶，會因為特別的神經作用而消除。

龍捲風與颱風有什麼不同？

解決疑問！

龍捲風是形成在雲下方形成的漩渦狀上升氣流。

> 龍捲風上方，一定有一朵很大的雲。

這就是秘密！

> 朝著雲旋轉的上升氣流變成龍捲風

①由颱風產生的龍捲風

颱風是直徑數百公里的大型低氣壓。如果因為颱風這種低氣壓而產生積雨雲，積雨雲下方就可能形成龍捲風。

②在積雨雲下方形成上升氣流

龍捲風形成的場所，會發生朝著積雨雲移動的上升氣流（朝上方流動的空氣）。來自不同方向的空氣從四周吹進這個地方，上升氣流就會開始旋轉。

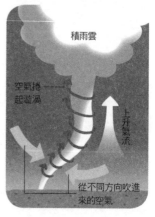

積雨雲

空氣捲起漩渦

上升氣流

從不同方向吹進來的空氣

③上升氣流捲起漩渦變成龍捲風

當升向積雨雲的上升氣流旋轉增強，雲下方的空氣就會捲起漩渦，這股空氣漩渦就是龍捲風。龍捲風產生的風力非常強，秒速有時能達到100m，甚至能把建築物吹飛。

物品的原理

9月 8日

數位電視的訊號如何播送？

❶ 電視機以光的狀態接收影像與聲音
❷ 電視機以電波的狀態接收影像與聲音
❸ 電視機以振動的狀態接收影像與聲音

➡ 答案 **2** 電視接收轉換成電波的影像與聲音訊號。

發射站發射出人體感受不到的訊號。

東京晴空塔也是發送數位訊號的發射台。

①訊號從發射站乘著電波送達

電視台將影像與聲音轉換成電子訊號，這些訊號以電波的形式，由發射站發送出來。像這種使用發射站播送的訊號，就是無線電視訊號。

②容易夾帶雜訊的類比播送

日本在2012年以前使用的無線電視訊號，是將影像與聲音直接轉換成類比訊號的類比播送。但這種方式具有容易夾帶雜訊、難以傳到遠方、資訊量少等缺點。

③雜訊較少，能夠傳遞大量資訊的數位播送

於是，使用數位訊號的無線數位播送登場。數位訊號將影像與聲音以0與1的訊號傳送，能夠克服類比播送的所有缺點。

9月 9日

發明

牧野富太郎

他為了研究而欠下許多債務，甚至想把標本賣掉呢！

？ 他是誰？

他製作了日本最早的植物圖鑑，幫許多植物取了名字。

原來這麼厲害！

牧野富太郎為廣範圍的植物命名。

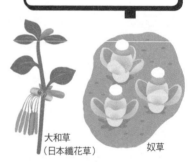

大和草
（日本纖花草）

奴草

①在當地的山林採集植物

牧野富太郎出生於日本高知縣的富裕商家。他從小就對植物感興趣，在當地的山林採集各式各樣的植物。

②製作日本最早的近代化植物圖鑑

他在26歲時，自費發行了植物圖鑑《日本植物志圖篇》第1集。這本書可以說是日本最早的近代化植物圖鑑，圖也是牧野富太郎自己畫的。

③他為1500種植物命名

牧野富太郎後來也持續研究，為自己發現的新種類植物命名、發行新的植物圖鑑等。在日本可以看到的植物中，由他命名的植物超過1500種。

9月

冷凍乾燥食品是怎麼做的？

動動腦

❶將食物冷凍，提高氣壓脫水乾燥

❷將食物冷凍，降低氣壓脫水乾燥

❸將食物照射太陽光

乾乾、硬硬是冷凍乾燥食品的特徵。

➡ 答案 **2** 將食物冷凍脫水，讓冰直接昇華。

這就是秘密！

因為脫水而變得很輕，也很方便攜帶。

①使用在即食食品的技術

冷凍乾燥是將食品乾燥的技術之一。這種技術廣泛使用在製造即食食品的食材、或是即溶咖啡等等。

②冷凍並降低氣壓，使食物乾燥

製作冷凍乾燥食品時，首先將含有水分的食物冷凍到負30℃左右，再把氣壓（空氣的壓力）降低到接近零。這麼一來，食物所含的水分就會在結冰的狀態下直接昇華乾燥。

③能夠保留食物的風味與香氣

冷凍乾燥食品的水分在結冰的狀態下昇華，所以風味與香氣的來源不會隨著水分流失，能夠在保留風味與香氣的狀態下長期保存。

9月 11日

蜘蛛為什麼不會被自己的絲纏住？

💡 **解決疑問！**

> 被黏黏的絲纏住的獵物雖然可憐，仍然會被一口吃掉……

蜘蛛築巢使用2種絲。

🔍 **這就是秘密！**

> 蜘蛛的巢，由附著黏液團塊的橫線，與不黏的縱線組成。

①從腹部分泌蜘蛛絲

蜘蛛從腹部分泌液體製成蜘蛛絲，這些絲被用來築巢，或是捕獲獵物。此外，蜘蛛也吊掛在垂下的絲線上，藉此移動到遠處。

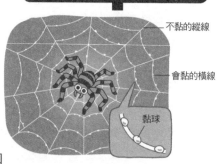

不黏的縱線

會黏的橫線

黏球

②2種不同功能的絲

蜘蛛絲分成會黏的與不會黏的，蜘蛛將這2種絲使用在不同的用途。蜘蛛築巢時，先以不黏的絲拉出從中心往外側的縱線，再以黏稠的絲以螺旋狀的方式拉出橫線。

③蜘蛛選擇縱線移動

蜘蛛在自己的巢上走來走去時，會挑選縱線落腳，所以不會被自己築巢的絲纏住。

9月

9月 12日

為什麼星星有各種不同顏色與亮度？

動動腦

因為星星有不同的顏色，夜空才會看起來這麼美麗吧！

❶因為與地球的距離以及表面溫度不同

❷因為太陽光照射的角度不同

❸因為這是外星人的基地發出的光

➡ 答案 **1** 星星的外觀，隨著距離與表面的溫度而改變。

這就是秘密！

星星位在非常遠的地方，所以從地球看到的是好多年以前發出的光。

①距離越近越亮

自己會發光的恆星，位在宇宙的各個地方，與地球的距離也不一樣。即使是發出同樣光量的恆星，也是越靠近地球看起來越亮。

②大小與發出的光量都不一樣

恆星本身的大小與發出的光量都不一樣，如果經過了很長的時間，同一顆恆星的亮度也可能改變。所以從地球看恆星，就會有各種不同的亮度。

③隨著溫度改變顏色的恆星

恆星的表面溫度也不一樣。恆星之所以看起來會有不同的顏色，也是因為表面溫度不同的緣故。約3000℃看起來是紅色，隨著溫度上升，逐漸變成橙色、黃色、白色，超過2萬℃，看起來就會是偏白的藍色。

9月 13日

心臟為什麼能夠一直跳動不用休息？

解決疑問！

如果睡著的時候心臟不動，那就糟糕了。

因為心臟是由即使不注意也會持續活動的肌肉構成。

這就是秘密！

①心臟跳動與自己的意志無關

心臟是個像幫浦一樣的器官，負責將血液送往全身。為了避免血液停止流動，心臟在睡覺的時候也會持續跳動。因為心臟跳動的命令，是由心臟自己發出去的。

心臟不斷地重複將流進的血液送出去的循環。

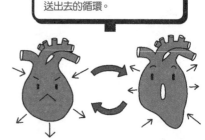

血液流入　　　將血液送出

②不容易累的心肌

組成心臟的肌肉「心肌」，原本就具備持久力。所以不容易累，能夠長期跳動。

③心肌時不時會休息

但其實心臟也時不時會休息。心臟在送出血液時，肌肉會收縮，而收縮之後心臟就會透過休息自然放鬆，讓血液流入。這麼一來，心臟就能24小時持續跳動。

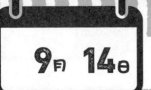

海市蜃樓是如何產生的？

動動腦

❶因為空氣使光屈折

❷因為光使空氣屈折

❸因為空氣與光交互屈折

➡ 答案 **1** 光在溫度不同的空氣交界處折射，造成海市蜃樓。

這就是秘密！

富山縣魚津市因為特別容易看到海市蜃樓而聞名。

①光被空氣折射形成海市蜃樓

海市蜃樓指的是遠處的物體看起來像是在天空的上方或倒映在下方，又或者往上方延伸的現象。這幅景象是光線通過溫度不同的空氣層時，因為折射角度不同而造成的。

②景色出現在上方的上蜃景

溫暖的空氣位在上方，冰冷的空氣位在下方時，光就會在交界處往下折射。於是就會看到在天空上方顛倒、或是往上延伸的景色。

③景色看起來在下方的下蜃景

相反地，如果冰冷的空氣在上方，溫暖的空氣在下方，光線就會在交界處往上折射，這時就會看到位在實際位置下方的顛倒景色。

手機的原理是什麼？

解決疑問！

清晰的通話需要建造許多設備。

電話的電波經過基地台與交換局，抵達對方的電話。

這就是秘密！

從手機發送的電波，經過基地台與交換局，送達對方的手機。

①手機與基地台交換電波

手機與「基地台」這個設備交換電波，進行通話。全日本約有90萬座基地台，各自負責一定的範圍。

②交換局一座接著一座傳遞訊號

從手機撥出電話後，由最近的基地台接收電波，再把電波轉換成電子訊號傳送到交換局。電子訊號輾轉經過許多交換局，傳送到距離對方最近的基地台。

距離收話方最近的基地台

經由交換局

距離發話方最近的基地台

喂喂　　哈囉

③距離對方最近的基地台發送電波

來自交換局的電子訊號送到距離對方最近的基地台後，把訊號轉換成電波發送，而且只發送到對方手機，這麼一來電話就能接通了。

9月 16日

發明

瑪麗・居禮

他是誰？

據說瑪麗因為暴露在過多的放射線中而去世。

她與先生一起發現了各種放射性元素。

原來這麼厲害！

瑪麗也是第一位獲頒諾貝爾獎的女性。

①雖然貧窮，仍然進入巴黎的大學

瑪麗出生於波蘭的華沙。當時的波蘭被俄羅斯佔領，她的家境也很貧窮，但她依然進入大學就讀，從事物理學的研究。

②接二連三發現放射性元素

她從大學畢業後，認識了在巴黎的大學從事研究的皮耶・居禮，並與居禮結婚。後來夫妻兩人一起研究會釋放放射線（→P302）的放射性元素，並且發現了「鐳」等許多元素。

③全家都獲頒諾貝爾獎

瑪麗與皮耶在1903年獲得諾貝爾物理學獎，而瑪麗在皮耶死後的1911年也獲頒諾貝爾化學獎。協助研究的女兒與女婿，也在1935年取得諾貝爾化學獎。

食物

9月 17日

冷凍食品為什麼不會壞？

❓ 動動腦

食物腐敗的原因是微生物。

❶溫度低，微生物就無法進行活動

❷溫度低，食物就會變得不容易壞

❸溫度低，食物腐敗也能恢復原狀

➡ 答案 ❶　微生物如果無法進行活動，食物就不會壞。

🔍 這就是秘密！

雖然黴菌無所不在，但只要管理好溫度與濕度，就不容易生長。

①食物因為細菌與黴菌而腐敗

多數食物如果放著不管，就會被黴菌與細菌等微生物分解而腐敗。腐敗的食物中，如果含有微生物生成的毒素，吃下去就會身體不舒服。

②冷凍食品能夠保鮮

冷凍食品透過讓水分與油分凍結的低溫，抑制微生物的活動。此外，冷凍時也藉由急速冷凍的步驟，保持食物的鮮度。

③就算不會壞，風味也會變差

只不過，就算不會壞，過了一段時間之後，也可能因為水分流失而變得乾燥，或是與氧結合而氧化，導致風味改變，失去原本的美味。

9月

9月 18日

壁虎為什麼能夠在牆壁上爬？

解決疑問！

壁虎的腳底，不會有點噁心嗎⋯⋯？

壁虎腳底的毛與牆壁之間，
有一股特別的力在發揮作用。

這就是秘密！

壁虎靠著4隻腳的趾下薄板與細毛，在牆壁上攀爬。

腳趾有非常多的薄板

①長在壁虎腳底的毛

壁虎能夠在牆壁與玻璃窗上自由行動的秘密，就在牠的腳底。壁虎的腳底有名為「趾下薄板」的板狀器官，這個器官的表面長著非常細的毛。

②最具黏著性的分子力

壁虎腳底的毛與牆面之間，有一種名為「分子力」的力在發揮作用。分子力就是在把物質結合在一起的分子（→P127）之間，發揮結合作用的力。這股力作用在每一根毛上，支撐著壁虎的身體。

③也有無法爬牆的壁虎！？

壁虎分成生活在樹木上的種類與生活在地面上的種類，腳底細毛發達的主要是生活在樹木上的種類。

291

9月 19日

地震即時警報是在什麼時候發出的？

❶ 在地震發生的隨後發出

❷ 在地震即將發生時發出

❸ 在地震即將發生時與發生的隨後發出

如果聽到即時警報，要立刻躲到堅固的地方避難喔！

➡ 答案 **1** 地震即時警報在震波傳遞到遠方前發出。

如果距離震源較近，S波就會在警報發出之前抵達……

①地震的震波需要時間傳遞

地震是從地面傳遞的震波，傳到遠方需要時間。波分成2種，先傳來的是較小的縱波「P波」，後來才傳來較大的橫波「S波」。

②迅速掌握震波，立刻發出警報

日本全國都有掌握地震搖晃狀況的地震儀。只要有某個地方的地震儀接收到P波，就會把資訊傳給氣象廳，氣象廳立刻根據傳來的數據，計算震源與各地的震度大小。於是就能比S波抵達之前，更快發出即時警報。

③有時警報也會來不及

但即時警報在地震發生之後才發出，如果所在位置距離震源較近，警報可能來不及在S波抵達之前送達。

重要單字 震度與規模

知道這些就能懂！
3POINT

日本曾發生過好幾次最大震度7的地震，像是東北地方太平洋近海地震（三一一大地震）……

❶ **震度指的是地面因地震而搖晃的程度**

❷ **規模指的是地震本身的能量**

❸ **即使規模大，震度也不一定大**

震度不只受到規模影響，也會隨著地震發生地點的深度而改變。

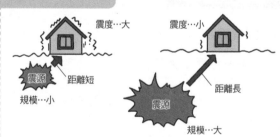

震度…大　　　　　震度…小

震源　　距離短

規模…小

距離長

震源

規模…大

只要住在日本，就很難不遇到地震。要仔細注意地震資訊，保護自己的安全喔！

預測地震、減輕災害的技術，也陸續被開發出來。

搭飛機為什麼會耳鳴？

💡 **解決疑問！**

> 如果因為感冒，導致耳朵的運作不順暢，症狀就會比較嚴重。

在氣壓低的地方，鼓膜從內側被往外推。

🔍 **這就是秘密！**

> 高處的氣壓比較低，鼓膜被由內側往外推。

①飛機飛到1萬公尺的高空

飛機一般來說會飛到大約1萬公尺的高空。越高的地方空氣越稀薄，氣壓（空氣的壓力）也越小。1萬公尺的高空，氣壓只有地面的約4分之1左右。

鼓膜

被內側的氣壓往外推

②飛機裡面的氣壓比地面更低

空氣稀薄，動物就無法呼吸，所以飛機裡面保持著比外面更高的氣壓。但就算是這樣，氣壓還是比地面更低。

內外的氣壓平衡

③鼓膜由內往外壓

我們的耳朵裡面，有一層名為「鼓膜」的膜，能夠發揮「聽聲音」的作用（→P185）。搭飛機的時候，鼓膜外側的氣壓比內側的氣壓低，所以鼓膜就會被由內往外推，耳朵就會有奇怪的感覺。

9月 21日

自然

世界最強的颱風是哪一個？

? 動動腦

❶1959年的薇拉颱風
❷1979年的狄普颱風
❸2019年的哈吉貝颱風

不管是什麼颱風，對人類來說都很恐怖呢！

➡ 答案 **2** 1979年的狄普颱風，是觀測史上氣壓最低的颱風。

🔍 這就是秘密！

①低氣壓也會帶來雨和雪

地球上有氣壓（空氣的壓力）高的氣團與氣壓低的氣團，氣壓低的氣團就稱為低氣壓。風從低氣壓的周圍吹進來，順著上升氣流升到高空變成雲。所以低氣壓周圍的天氣會變差。

颱風與氣旋是在不同場所形成的低氣壓。

②氣壓最低的是1979年的狄普颱風

颱風是一種強烈低氣壓。一般來說，颱風的氣壓越低，風就越強。全世界氣壓最低的颱風，是在1979年對日本造成嚴重災害的狄普颱風，氣壓只有870hPa。

③風最強的是2013年的颱風

風最強的則是2013年的海燕颱風，留下的最大瞬間風速（秒速）紀錄是105公尺，據說是全世界最大的規模。

物品的原理

閱讀日期　　　月　　日

9月 22日

衛星導航為什麼能夠知道自己的位置？

> 日本使用的是「準天頂衛星系統」。

解決疑問！

衛星導航透過來自人造衛星的資訊，確認自己的位置。

這就是秘密！

> 接收4個衛星的訊號，計算出位置。

①從2萬公里處的高空發送訊號的衛星

地球周圍有許多人造衛星，其中像GPS衛星這種，使用衛星發送訊號讓收訊者知道自己所在位置的系統，稱為GNSS。

②利用4個衛星的資料計算位置

衛星的訊號含有位置資料。收訊者能夠透過接收訊號所需的時間，計算與衛星之間的距離，藉此鎖定位置。衛星導航為了減少誤差，使用了來自4個衛星的資料。

導出位置的資訊　　修正時間的資訊

③收不到訊號的時候就利用汽車本身的功能

現在只有在隧道或地下室等地點才收不到訊號。這種時候，汽車就利用感測器的資訊，或是中斷之前的訊號計算位置。

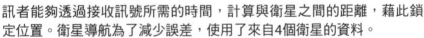

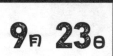

約瑟夫‧湯姆森

❓ 他是誰？

他發現了電子，並想出了採用電子的原子模型。

他原本學的是工學，不是物理學。

原來這麼厲害！

構成物質的原子可以分割得更細小的想法，後來變得廣為人知。

①他發現了電子的存在

湯姆森出生於英國的曼徹斯特。他在劍橋大學的卡文迪許實驗室，發現真空玻璃管通電時看到的射線是帶負電的粒子流。

②使用電子建立原子模型

他將這些粒子命名為電子（→P391）。湯姆森認為電子來自原子（→P312），並想出了自己的原子模型。雖然這個模型是錯的，仍然成為研究原子結構的先驅。

③培養許多物理學家

湯姆森在卡文迪許實驗室擔任主任時，這裡聚集了許多研究者。其中甚至有許多諾貝爾獎的得獎者，譬如拉塞福（→P304）。

食物

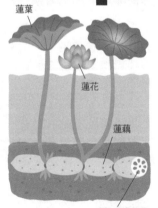

9月 24日

閱讀日期 　　月　　日

蓮藕為什麼有洞？

空氣能夠通到水底呢！

解決疑問！

蓮藕的洞是為了讓生存所需的空氣通過。

這就是秘密！

①蓮藕有垂直的洞

用刀子切蓮藕，可以從切口看到許多洞。洞的數量依蓮藕的粗細而異，但差不多都是8～10個。

②埋在水底淤泥裡的蓮藕

蓮花的莖與在水面上舒展開來的又大又圓的葉子相連，而蓮藕就從莖變化而來，像根一樣埋在水底下的淤泥裡。像這種埋在地底的莖稱為「地下莖」。

③蓮靠著通過孔洞的空氣維生

蓮是植物，需要空氣才能生存，但水底的淤泥中卻沒有空氣。蓮就將蓮葉吸收的空氣送到孔洞，靠著這些空氣維生。

土裡的蓮藕為了讓空氣通過所以有洞。

蓮葉

蓮花

蓮藕

空氣通過的洞

9月

298

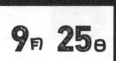

9月 25日

為什麼動物成長得比人類快？

? 動動腦

❶因為動物的壽命比人類長

❷因為動物可以不斷地重生

❸因為動物的壽命比人類短

➡ 答案 ❸ 因為動物的壽命比人類短，所以成長得更快。

人類就像成長速度比較慢的動物呢！

🔍 這就是秘密！

加拉巴哥象龜可以活得比人類久，聽說平均壽命有100歲以上呢！

①壽命短的動物成長得較快

成長的速度與壽命有關。常見的動物，譬如貓狗，壽命大約10～13年。他們的壽命遠比人類短，所以成長的時間也短。

②心跳的速度決定壽命！？

血液需要比較長的時間才能流遍身體的大型動物，心跳的速度較慢，體型越小的動物則越快。但有一說認為，一輩子的心跳次數，不管什麼動物都一樣。

③至今仍不知道壽命不同的原因

這個說法可以解釋為什麼小型動物的壽命比較短。但也有體型雖小，壽命卻很長的動物，所以至今仍不清楚不同種類的動物壽命不同的原因。

9月 26日

半夜在正南方看見的星座，為什麼會隨著季節改變？

❓ 動動腦

❶ 因為地球像陀螺一樣自轉

❷ 因為地球繞著太陽公轉

❸ 因為地球是塊大磁鐵

➡ 答案 ❷ 因為太陽與星座的位置關係會改變。

北半球與南半球可以看到完全相反的星座呢！

🔍 這就是秘密！

移動的不是星座的位置，而是我們的地球。

①太陽與星座的位置關係隨著季節改變

地球繞著太陽公轉，太陽與地球、星座的位置關係，會隨著季節改變。所以在相同時刻、相同位置看見的星座，也會隨著季節變化。

②半夜在正南方看見的星座

舉例來說，日本在半夜朝著正南方可以看到的
星座，春天是獅子座、夏天是天蠍座、秋天是水瓶座、冬天則變成金牛座，到了春天又再度看到獅子座。

③星座來到相同位置的時刻一天比一天早

公轉一整年都在進行，如果每天在相同的時刻朝著南方天空觀察同一個星座，可以發現一個月會順時針移動30度。此外，在同一個位置看見相同星座的時刻，也會每天提早4分鐘，1個月提早2小時。

9月

為什麼有人不能吃麵粉或蛋？

解決疑問！

因為他們的免疫力對食物強烈作用，造成過敏。

花粉症就是對花粉強烈作用造成的過敏。

這就是秘密！

①免疫力強烈作用造成的過敏

身體具備防止外來的細菌或異物入侵的免疫機制。如果免疫機制過強，對身體造成不良影響，就稱為過敏。

②身體對過敏原產生反應

過敏原（過敏的原因）進入身體後，身體就產生對抗這些過敏原的抗體。抗體與肥大細胞結合，如果過敏原附著在它們上面，就會引發過敏反應，釋放組織胺。

③過敏有時會危及性命

有一部分的人，過敏原是麵粉與雞蛋等特定食物，吃了之後就會產生蕁麻疹，或是發生嚴重呼吸困難的症狀，甚至可能喪命。

肥大細胞釋放的抗組織胺，就是過敏的原因。

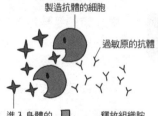

製造抗體的細胞

過敏原的抗體

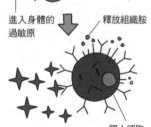

進入身體的過敏原

釋放組織胺

肥大細胞

9月 28日

放射能很可怕嗎？

❓ 動動腦

對物體造成影響的不是「放射能」，而是「放射線」。

❶ 擁有放射能的物質，會釋放出照到會疼痛的放射線。

❷ 擁有放射能的物質，會釋放出對身體不好的放射線。

❸ 擁有放射能的物質，會釋放出燃燒物體的放射線。

➡ 答案 **2** 放射線會對人類身體造成各種影響。

🔍 這就是秘密！

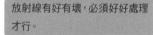

放射線有好有壞，必須好好處理才行。

①放射線的真面目是微小粒子與電磁波

放射能指的是釋放放射線的能力。放射線主要用來統稱「放射性物質」釋放的微小粒子與電磁波。

②傷害身體的放射線

放射線接觸到我們的身體，就會破壞身體細胞，以及細胞中的DAN（→P378）等物質，所以一旦暴露在大量放射線下，就可能會喪命。這也是核電廠事故造成重大災害的原因。

③我們的生活中少不了放射線

但另一方面，我們也利用放射線會破壞細胞的性質治療癌症。此外，拍X光片使用的X射線也是一種放射線。

9月 29日

擴音器為什麼能讓聲音變大？

💡 **解決疑問！**

從側面或後面就聽不清楚擴音器的聲音。

聲音朝著一個方向被增幅，所以聽起來就變大聲了。

🔍 **這就是秘密！**

朝著聲音傳播的方向，以前寬後窄的形狀傳遞。

①普通的聲音會發散

從我們嘴巴發出的聲音，會朝著四面八方發散，周圍離得比較遠的人，聽到的就是發散的聲音。因此他們聽到的聲音並不大。

前寬後窄的形狀

喂～

越長越能傳遞聲音避免發散

喂～

②擴音器能夠防止聲音發散

在運動比賽加油時使用的圓錐形擴音器，能夠固定聲音的方向，避免聲音過度發散。所以站在擴音器前面的人，能夠聽到很大的聲音。

③前端比較寬是為了避免聲音被悶住

此外，擴音器的前端比較寬，是為了避免聲音被悶住。如果前端比較窄，聲音就會被封在內側而聽不清楚。

303

9月 30日

發明

閱讀日期　　　月　　日

歐尼斯特・拉塞福

他也一輩子都積極培養學生。

? 他是誰?

他發現了放射線的真相與原子的結構。

原來這麼厲害!

拉塞福的原子模型並不完美喔!

①他前往英國研究物理學

拉塞福出生於紐西蘭的布賴特沃特,在當地的大學學習物理學,並在畢業後前往英國持續研究。

②他發現放射線有3種

他從1898年開始從事放射線(→P302)的研究,在研究中發現 α 射線、β 射線、γ 射線3種放射線,並透過實驗得知 α 射線是氦的原子核,以及各種放射線的性質。

③發現原子的結構

他還根據使用 α 射線的實驗結果,提出原子的模型假設,成為發現原子內部結構的契機。這些貢獻讓拉塞福被譽為「原子物理學之父」。

9月

304

10月 1日

食物

滑菇為什麼會滑滑的？

💡 **解決疑問！**

所以才叫做「滑菇」啊！

滑菇為了保護自己而製造出滑滑的物質。

🔍 **這就是秘密！**

①滑滑的物質是食物纖維！？

滑菇身上滑滑的物質，是蛋白質與醣類結合而成的一種食物纖維。秋葵、山藥、昆布等的黏滑物質，也與滑菇的成分類似。

②滑滑的物質能夠保護滑菇

生長在山林樹木上的滑菇，會被動物當成食物。滑菇身上滑滑的物質，能夠保護滑菇，避免被動物吃掉。

③利用滑滑的物質適應環境

此外，滑菇喜歡潮濕的環境，所以將滑滑的物質覆蓋在身上防止乾燥。再者，滑菇雖然經常可以在寒冷的地方看到，但如果太冷成長速度就會變慢，滑滑的物質也具有防寒的作用。

表面滑滑的物質，
能夠保護滑菇避開各種危害。

乾燥

寒冷

外敵

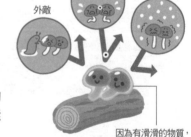

因為有滑滑的物質，
所以能夠不受影響。

10月

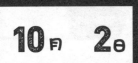

10月 2日

老虎為什麼有條紋？

動動腦

❶為了讓自己更顯眼

❷為了讓自己不顯眼

❸公老虎為了吸引母老虎

老虎身上的條紋，在狩獵時很有用喔！

➡ 答案 **2** 老虎身上的條紋，
能夠讓牠在森林裡變得不顯眼。

這就是秘密！

從身上的花紋，就能知道獅子住在草原，老虎住在森林呢！

①生活在森林裡的老虎

老虎主要棲息在亞洲，靠著在森林裡捕獵其他動物維生。就我們來看，黑黃相間的條紋，在森林裡非常醒目。

②老虎的條紋對獵物而言很難發現

但老虎捕獵的動物，眼裡的世界多半是黑白的。就這些動物的眼睛來看，老虎的條紋容易與森林裡的草木搞混，非常不容易看清楚。像這種避免身體顯眼的顏色，稱為「保護色」。

③讓自己不顯眼的保護色

保護色也能保護自己。據說斑馬的條紋，也具有聚在一起時，讓敵人無法一匹一匹區分出來的效果。

宇宙・地球

閱讀日期　　月　　日

10月 3日

日本看得見極光嗎？

 **動動腦**

一般來說只能在北極或南極看到。

❶全國都看得見

❷只有北海道看得見

❸只有沖繩縣看得見

➡ 答案 **2** 很偶爾可以在北海道看見極光。

 這就是秘密！

像加拿大或芬蘭這種接近北極的國家，就很適合觀測極光呢！

①太陽吹出的太陽風

太陽除了發光之外，也會對宇宙釋放「電漿」這種帶電的微小粒子。這股帶電的粒子流稱為「太陽風」，也會吹過宇宙抵達地球。

②太陽風灑落地球形成的極光

地球也具有磁鐵的作用，抵達地球的太陽風，落在磁力強大的南極與北極。電漿在這時撞擊地球大氣層形成的光，就是極光。

③很偶爾能在北海道看見

太陽風灑落的地點是北極與南極，所以在日本幾乎看不見極光。但在日本最北邊的北海道，很偶爾能夠看見。

10月

搭乘交通工具為什麼會暈?

 解決疑問!

我們搭乘交通工具時的動作,和走路時不同。

交通工具的動作,造成大腦混亂而頭暈。

🔍 **這就是秘密!**

①感覺旋轉的三半規管

我們的耳朵深處,有名為「三半規管」的器官,能夠感受身體的旋轉。三半規管的形狀像是由3個環組合而成,內部充滿了淋巴液。

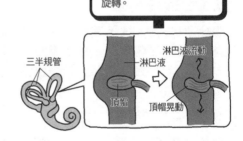

人類透過頂帽的活動感受旋轉。

三半規管　淋巴液流動

淋巴液

頂帽　頂帽晃動

②透過淋巴液感覺旋轉

身體旋轉時,三半規管中的淋巴液就會流動。人類的腦透過頂帽感受旋轉,判斷旋轉的方向與速度。

③搭乘交通工具時因為大腦混亂而造成頭暈

但是搭乘交通工具時,反覆出現移動、轉彎、停止的動作,景色也劇烈變化。於是接收三半規管傳來的資訊的大腦就會混亂,造成頭暈。

自然

晚霞是如何形成的？

動動腦

❶西方天空的空氣原本就是紅色的

❷太陽在傍晚的時候會變成紅色

❸只有紅光傳到我們的眼睛

➡ 答案 ❸ 只有太陽光中的紅光傳到我們的眼睛，變成了晚霞。

白天的藍天，也是因為只有藍光傳到我們的眼睛。

這就是秘密！

雖然太陽光一直都沒變，但傳到我們眼睛的方式卻會改變呢！

①藍光容易散射

太陽光裡含有各種不同的色光。其中的藍光，碰到壟罩在地球上的大氣特別容易散射。藍天就是因為散射的藍光看起來彷彿佈滿整個天空。

②傍晚的藍光散射得太過嚴重

傍晚因為太陽光斜向照射，通過空氣的距離比白天更長，導致藍光在上空過度散射，難以抵達地表。

③紅光稍微散射變成晚霞

至於不容易散射的紅光，在通過長距離的大氣時也會稍微散射，抵達我們所在的地表，於是就形成晚霞。

10月

紙尿布為什麼不會漏？

解決疑問！

尿布使用不漏水的材質製成。

紙尿布利用各種材質吸水、鎖水。

🔍 **這就是秘密！**

①網格狀的吸水性聚合物

紙尿布中，含有使用「吸水性聚合物」這種物質製成的吸收材。吸水性聚合物的結構呈現非常細緻的網格狀。

②可以儲存大量的水

吸水性聚合物具有封住流進網格的水，讓水變成膠狀的性質，可以儲存原本重量數百倍到數千倍的水，所以能夠防止小便外漏。

③吸水性聚合物被用在各種地方

吸水性聚合物能夠儲存大量的水，這個性質不只可用來製作紙尿布，也能用來製作冷卻食用的保冷劑，或是被用來在沙漠培育植物。

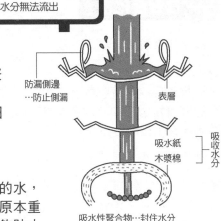

紙尿布的多層結構讓水分無法流出

防漏側邊
…防止側漏

表層

吸水紙
木漿棉

吸收水分

吸水性聚合物…封住水分

物質是由什麼形成的？

💡 **解決疑問！**

> 人類也是各種原子的集合體。

所有物質都是由原子這種微小的粒子組成。

🔍 **這就是秘密！**

①電子在原子核周圍環繞形成的原子

組成物質的最小粒子稱為「原子」。任何物質分解之後都會變成原子。原子的結構包含了中心的原子核，以及環繞著原子核的更小粒子「電子」。

②質子的數量就是原子序

原子核由質子與中子結合在一起形成。原子的種類由質子的數量決定。譬如擁有1個質子的是氫原子，2個質子的是氦原子。質子的數量稱為原子序。

③原子序越大越重

一般來說，質子越多，原子就越重。舉例來說，金原子的質子數是79，比鐵原子的26更多，所以金就比鐵重。

> 原子核裡面的質子數量與電子的數量相等

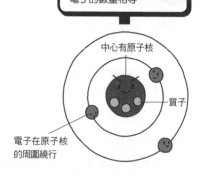

中心有原子核

質子

電子在原子核的周圍繞行

10月

10月 8日

食物

閱讀日期　　　月　　日

為什麼吃薯類會放屁？

？ 動動腦

沒有辦法可以阻止放屁嗎？

❶因為腸道作用變得活躍

❷因為肝臟作用變得活躍

❸因為血液的一部分變成氣體

➡ 答案 **1** 腸道的作用因為薯類的食物纖維而變得活躍，於是排放出氣體。

🔍 這就是秘密！

這是腸道健康的證明！太過忍耐對身體不好喔。

①腸內住著許多細菌

我們的腸道裡住著許多細菌。這些細菌分解食物殘渣，或是從只靠消化液無法分解的食物中製造養分。

②細菌分解食物的殘渣變成屁排出

細菌分解食物的殘渣，釋放出吲哚、糞臭素、甲烷等氣體，這些氣體，與隨著食物一起吃進去的空氣從屁股排出就是放屁。

③薯類的食物纖維讓腸道更活躍

薯類所含的食物纖維成分，具有讓腸道活動更加活躍的作用，所以吃薯類能夠加速食物分解，排放出更多的氣體。

313

植物的棘刺有什麼作用？

仙人掌、玫瑰、咬人貓等等，有棘刺的植物出乎意料地多。

💡 **解決疑問！**

植物的棘刺具有保護自己、防止水分蒸發的作用。

🔍 **這就是秘密**

①有棘刺就不容易被動物吃掉

有棘刺的植物中，棘刺最多的是仙人掌。據說植物在莖上生長大量棘刺是為了保護自己，避免被動物吃掉。

②棘刺有避暑的作用！？

此外，仙人掌的棘刺從葉子變化而來，因此能透過縮小表面積減少水分蒸發。仙人掌是生長在沙漠的植物，棘刺也具有防止乾燥的作用。

表面積小的棘刺讓水分不容易蒸發

一點一滴蒸發
水分
棘刺（原本是葉子）

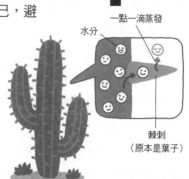

③我們不清楚玫瑰的棘刺有什麼作用

開出美麗花朵的玫瑰，莖上也長著棘刺。但我們並不清楚玫瑰的棘刺有什麼作用。推測可能和仙人掌一樣能夠保護自己不受動物傷害，或是靠著棘刺勾住東西支撐花莖。

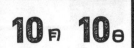
10月 10日

結束任務的人造衛星如何處理呢？

動動腦

❶就這樣放著不管

❷由太空人回收

❸靠著太陽光融化

不只地球上有垃圾問題，宇宙中也有呢！

➡ 答案 ❶ 舊的人造衛星，就這樣漂浮在宇宙當中。

這就是秘密！

各國都在監視太空垃圾的狀況，避免撞到它們。

①外太空有許多垃圾

故障、因為新的人造衛星升空而不再使用的老舊人造衛星，就這樣放在宇宙中。漂浮在宇宙的人造衛星與火箭的殘骸等，就稱為太空垃圾。

②太空垃圾非常危險

大量的太空垃圾在地球周圍高速旋轉。即使是小型的太空垃圾，也可能撞上太空人搭乘的火箭，造成重大事故。

③減少太空垃圾的研究

科學家為了防止太空垃圾造成的事故，開發盡可能不產生太空垃圾、或是能收拾太空垃圾的人造衛星。

身體

10月 11日

閱讀日期 ___月 ___日

體溫最高能夠升高到幾度？

動動腦

❶ 38℃左右
❷ 41℃左右
❸ 45℃左右

只要不超過40℃，都還算可以……

➡ 答案 **2** 超過41℃身體組織就會開始出現異常。

🔍 **這就是秘密！**

發燒是身體為了殺死病毒與細菌所引發的機制。

①人類的身體能夠防護細菌與病毒

造成疾病的細菌與病毒等異物如果進入身體，身體就會為了保護自己而出現各種變化。發燒也是其中一項保護身體的機制。

②發燒是擊退細菌與病毒的機制

進入身體的細菌與病毒，由免疫細胞發動攻擊加以排除，而免疫細胞在溫度升高的時候更能發揮作用，所以身體會為了排除細菌與病毒而把體溫升高。

③只要不超過41℃就沒問題！？

一般來說，人類的體溫只要不超過41℃，發燒本身是無害的，但如果超過這個溫度，身體就會因為發燒而變得虛弱。此外，即使低於41℃，也可能發生痙攣造成身體抽蓄。

10月

316

自然

山上為什麼會冷？

💡 解決疑問！

爬山的時候也必須注意氣溫變化。

山上的空氣溫度比山下低，所以會冷。

🔍 這就是秘密！

①山下的空氣很溫暖

在山下，被太陽曬熱的地面使周圍的空氣升溫，溫暖的空氣逐漸累積起來。但在經常颳強風的山上，卻會把溫暖的空氣吹走。

②越往上爬空氣越膨脹

空氣稀薄也是造成山上溫度較低的原因。溫暖的空氣比較輕，所以會往上升。但高處的空氣稀薄、氣壓較小，所以越往上爬空氣越膨脹。

③空氣膨脹導致溫度降低

空氣的體積膨脹，溫度就會降低。所以被地面加溫的空氣，抵達山頂就會變冷。

山上的氣壓低，使得來自山下的空氣膨脹。

氣壓小

氣壓大

空氣收縮
＝溫暖

空氣膨脹
＝寒冷

熱氣球為什麼會飛？

解決疑問！

熱氣球不可缺少加熱空氣的燃燒器。

熱氣球靠著讓空氣膨脹減少空氣的量，所以能夠飛起來。

這就是秘密！

①空氣會隨著溫度改變大小

空氣加熱會膨脹，冷卻會收縮。熱氣球就利用空氣這種變大變小的性質來升空或降落。

②利用燃燒器加熱空氣

熱氣球裡裝著大量空氣，升空時使用燃燒器加熱，空氣加熱之後體積膨脹，裝在氣球裡的空氣於是減少，使得熱氣球變輕飛到空中。

③降落時就關閉燃燒器讓空氣冷卻

反之，想要降落時，就關閉燃燒器讓空氣冷卻，或是讓溫暖的空氣從熱氣球上的小孔排出。

空氣膨脹，把空氣從氣球裡擠出去。

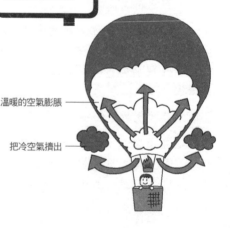

溫暖的空氣膨脹

把冷空氣擠出

10月

10月 14日

發明

閱讀日期　　月　　日

萊特兄弟（兄：威爾伯‧萊特，弟：奧維爾‧萊特）

? 他是誰？

萊特兄弟中的弟弟，也是全世界第一個造成飛行事故的人。

他們全世界第一組讓裝著引擎的飛機成功飛起來的人。

 原來這麼厲害！

在1903年的飛行實驗中，終於在第4次嘗試時成功飛了約260m。

①邊經營自行車店邊研究飛機

萊特兄弟出生於美國的俄亥俄州。他們兩人都對機械有興趣，雖然經營自行車店，也受到德國人奧托‧李林塔爾研究如何飛上天的影響，開始研究飛機。

②開發出全世界第一架引擎飛機

萊特兄弟經過一次又一次的實驗，終於製造出萊特飛行器。接著在1903年，利用裝著引擎的飛機，成功完成全世界第一趟飛行。

③飛機成為不可或缺的運輸工具

後來飛行技術急速發展，最早出現的是軍用機，接著登場的是客機與運輸機。飛機現在已經成為我們的生活中不可缺少的運輸工具。

10月 15日

把魚曬乾為什麼會變得更好吃？

解決疑問！

曬乾能夠讓鮮味成分變得更多、更濃。

去除水分、製造出鮮味成分，讓鮮味變得更濃。

― 蛋白質

這就是秘密！

①把魚曬乾製成的魚乾

曬乾的魚就稱為「魚乾」。把魚製成魚乾，不僅比生魚更容易保存，也會變得更好吃。

水分去除

②去除水分，增加鮮味成分

去除水分是魚乾好吃的第一個原因，因為脫水能讓魚的鮮味變得更濃。至於第二個原因則是鮮味成分增加。把魚曬乾會因為酵素的作用，讓魚的蛋白質轉變成鮮味成分。

― 鮮味成分

③泡過鹽水能夠防止肉質變得乾柴

製作魚乾時，一般會先泡過鹽水。這麼做能夠讓表面的肉質膨脹，避免水分過度流失。所以即使製成魚乾也不會乾柴，肉質依然保留彈性。

10月 16日

閱讀日期 ___月 ___日

動物不會蛀牙嗎？

? 動動腦

❶ 其實經常蛀牙
❷ 一般而言不會蛀牙
❸ 只有肉食動物會蛀牙

➡ 答案 **2** 動物的食物裡，沒有會造成蛀牙的糖分。

蛀牙的原因果然還是甜食啊！

🔍 這就是祕密！

餵寵物吃零食，可能會導致牠們蛀牙，必須注意。

①蛀牙主要由糖分造成

蛀牙的原因是糖分。口中的蛀牙菌（變異性鏈球菌）把糖分轉變為養分，分泌出腐蝕牙齒的酸，所以會造成蛀牙。

②野生動物幾乎不會蛀牙

野生動物的食物裡幾乎不含糖分，所以也幾乎不會蛀牙。但如果牙齒因為狩獵等原因而斷裂，蛀牙菌就可能從裂口侵入，造成蛀牙。

③動物園裡的動物會蛀牙

動物園的動物可能會被參觀者擅自餵食，再加上牠們多半比野生動物更長壽，所以就會因為牙齒磨損而變得容易蛀牙。因此動物園裡的動物也可能蛀牙。

為什麼月亮的形狀會改變？

解決疑問！

月球自己可是不會發光！

太陽光照到的亮處，會隨著觀測的角度而改變形狀。

這就是秘密！

月亮的位置改變，太陽光照射的角度也跟著改變。

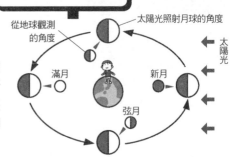

從地球觀測的角度

太陽光照射月球的角度

滿月

新月

弦月

太陽光

①月球只有半邊是亮的

月球不會自己發光，是因為反射了太陽的光線才看起來明亮。所以雖然太陽照得到的部分看起來是亮的，照不到的部分看起來卻是黑的。

②觀測到明亮部分的角度隨著月球的位置改變

月球繞地球一周約30天，太陽與月球、地球的位置關係每天都在改變。所以觀測到月球明亮部分的角度，也每天都不一樣。

③觀測到全部的亮面就是滿月

觀測得到全部的亮面時是滿月，只觀測得到少部分的亮面時是彎月。完全看不到亮面時則稱為新月，這時幾乎看不到月亮。

10月

身體

人類可以活到幾歲？

？動動腦

❶大約120歲
❷大約140歲
❸大約160歲

超過100歲就已經非常長壽了。

➡ 答案 ❶　根據細胞分裂的極限，
推測人類的壽命大約是120歲。

🔍 這就是秘密！

希望可以不要生病，維持健康直到壽終正寢。

①細胞透過分裂而重生

生物的身體由細胞聚集而成。細胞透過不斷一分為二的細胞分裂，隨時產生新的細胞。

②人類的細胞只能分裂50次

但動物的細胞能夠分裂的次數有限，推測人類大約是50次。超過這個次數細胞將無法重生，最後就會死亡。

③人類的壽命大約120歲

臟器與皮膚的細胞超過這個分裂次數就會開始老化，往死亡邁進。根據細胞分裂的次數推算，人類的壽命大約120歲。

10月 19日

救護車的音高為什麼會改變？

解決疑問！

救護車如果移動，前後方的聲音波長就會改變。

這就是秘密！

救護車前進方向的波長變短，反方向的波長則變長。

①平常不管在哪個位置聽音高都一樣

聲音波與波之間的間隔稱為波長。波長越短聲音聽起來越高，越長聽起來越低。救護車停下來的時候，不管在哪個位置聽波長都一樣。

波長較長＝聲音較低　　波長較短＝聲音較高

②前方的聲音波長會變短

但救護車行進的時候，發出聲音的救護車就像在追趕聲波，於是前方的波長就會變短。所以當救護車靠近時，聲音聽起來會變高。

③後方的聲音波長會變長

至於救護車的後方，因為音源遠離，波長於是拉長，聲音聽起來就變得比原本低。像這種波長在移動的物體前後改變的現象，稱為都卜勒效應。

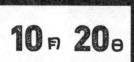

物品的原理

10月 20日

鐵軌下方為什麼要鋪石頭？

❓ 動動腦

❶ 為了防止鐵軌生鏽

❷ 為了防止鐵軌下沉

❸ 為了防止脫軌對周圍造成災害

這是支撐列車重量的巧思。

➡ 答案 **2** 分散列車的重量，防止鐵軌下沉。

🔍 這就是秘密！

①防止鐵軌下沉的道碴

鋪設在鐵軌下方的碎石稱為道碴。道碴透過固定鐵路的枕木、把列車的重量分散到整個地面，防止鐵路下沉。

據說道碴的碎石太大或太小都會降低效果。

②道碴也具有抑制振動與噪音的效果

此外，道碴有縫隙，所以在列車通過時石頭會微微移動，藉此吸收列車行駛造成的衝擊，減弱傳遞到周圍的振動，讓噪音變小。

③有縫隙也能幫助排水

道碴之間的縫隙，在下雨時也能變成排水通道。多虧了道碴，鐵軌的排水良好，下雨時也不會積水。

閱讀日期　　　月　日

10月 21日

飛機為什麼會飛？

> 飛機的機翼可不是單純的平面。

解決疑問！

機翼上方的空氣變得稀薄，產生向上的力。

這就是秘密！

> 機翼的形狀讓機翼的上下產生不同的氣流。

①機翼上下的氣流不同

現在的飛機機翼，從側面看呈現上方凸起的形狀，已經和萊特兄弟（→P319）時代的機翼不一樣了。當空氣從前方流向這種機翼時，上方的空氣因為流速較快而變得稀薄，下方的空氣則因為流速較慢而變得密集。

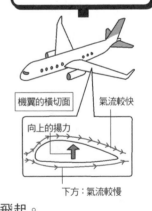

機翼的橫切面｜氣流較快

向上的揚力

下方：氣流較慢

②機翼產生向上的力

空氣會從密集的部分流向稀薄的部分，所以就會由機翼的下方往上流動，產生向上的力。這股力稱為上升力，飛機就靠此向上飛起。

③靠著螺旋槳的力與噴出氣體的力前進

為了產生來自前方的氣流，必須讓機體前進，而飛機就靠著轉動螺旋槳與噴出的氣體往前推進。

10月

10月 22日

湯頭是什麼？

湯頭是日式料理絕對不可缺少的滋味！

? 動動腦

❶ 湯頭是鮮味的液體
❷ 湯頭是甜味的液體
❸ 湯頭是鹹味的液體

➡ 答案 **1** 湯頭是從昆布、小魚、肉等溶出鮮味成分的液體。

這就是秘密！

①含有鮮味成分的湯頭

我們感受到的味道，除了甜味與鹹味等之外，還有鮮味。鮮味來自鮮味成分，而含有鮮味成分的液體，就稱為湯頭。

熬煮昆布與柴魚，就能萃取出富含鮮味的湯頭。

②鮮味成分有各種不同的種類

不同的食材有不同的鮮味成分，譬如昆布的麩胺酸、肉與魚的肌苷酸、香菇的鳥苷酸等。所以調整熬湯的食材，湯頭的滋味也會跟著改變。

③日本人發現的鮮味成分

日本人從以前就把湯頭的鮮味應用在料理當中。全世界第一個發現麩胺酸的也是日本研究者。表現鮮味的「UMAMI」這個字，已經成為世界的共通語言。

10月 23日

生物

蝙蝠為什麼要倒掛？

蝙蝠可是利用這種方法，巧妙地克服缺點呢！

解決疑問！

蝙蝠無法站在地面，所以用腳趾勾住物體休息。

這就是秘密！

蝙蝠沒有腿部肌肉，不掛在樹木上就無法休息。

①蝙蝠為了能在空中飛，減少了不必要的肌肉

蝙蝠雖然和人類一樣都是哺乳類，卻和鳥一樣能夠在空中飛翔。蝙蝠為了在空中飛必須減輕體重，卻依然需要肌肉拍動翅膀。所以蝙蝠就減少了飛翔時用不到的腿部肌肉。

用腳趾勾著

肌肉不足以站立

②蝙蝠無法在地面走動只好倒掛！？

蝙蝠因為腿部的肌肉減少，變得無法在地面上走動。所以只好用腳趾勾住物體倒掛，放鬆力量休息。

③小便的時候改成手懸掛

蝙蝠基本上都是倒掛著，只有在大小便的時候，改成手指懸掛，屁股朝著下方。

10月 24日

土星環是由什麼形成的？

 動動腦

環裡面一直都在攪拌喔。

❶碎冰
❷氣體
❸甜甜圈

➡ 答案 **1** 土星環主要是由碎冰形成的。

 這就是秘密！

不只土星，天王星與海王星也都有環喔！

①土星環是碎冰

從天文望遠鏡看土星環，可以發現幾圈又平又寬，看起來像是條紋的環。各圈的環由數公分～數公尺大的碎冰組成，厚度約有數十到數百公尺。

②彗星碎裂變成環！？

土星環的形成有各種說法。其中最有力的說法是，繞著土星的衛星與彗星碰撞碎裂，碎片聚集在一起變成了環。

③無法變成星體的碎片變成了環！？

除此之外，還有另一個說法是，土星與衛星形成時，物質聚集成星體，而被留在宇宙沒有成為星體碎冰就變成了環。

10月 25日

看到酸梅為什麼會流口水？

💡 **解決疑問！**

小嬰兒沒吃過，所以看到酸梅也不會流口水喔！

如果大腦記住酸梅的滋味，只要看到酸梅就會流口水。

🔍 **這就是秘密！**

看到就會在記憶中回想起那股酸味

②回想起吃酸梅的記憶

③流出口水

①看到酸梅

①吃酸梅時會流口水

酸梅會酸是因為含有大量的檸檬酸。吃酸梅的時候，為了緩和檸檬酸的刺激而分泌許多口水。

②如果知道酸味，只要看到酸梅就會流口水

從小就吃酸梅的人，大腦記住了酸梅的酸味，所以只要看到酸梅，大腦就會發出分泌口水的命令。至於沒有吃過酸梅的外國人，即使看到酸梅也不會流口水。

③條件反射就是只要重複同樣的經驗，反應就會變快

像這樣，因為同樣的經驗不斷重複，大腦就會事先預設結果，自動給出命令與反應，這就稱為條件反射。

10月 26日

該怎麼打造沒有回音的房間？

? 動動腦

❶牆壁使用吸音材質
❷用喇叭播放聲音抵銷回音
❸把房間沉到水裡

➡ 答案 ❶ 沒有回音的房間，
被使用在檢查樂器等用途。

比起寬敞的房間，浴室更容易有回音。

🔍 這就是秘密！

①聲音碰撞到物體就會彈回來

聲音具有碰撞到物體就會彈回來的性質。所以在房間裡發出的聲音，就會被牆壁反彈造成回音。浴室特別容易有回音，所以唱起歌來更好聽。

音樂廳則與無響室相反，採用容易反射聲音的結構。

②回音會變成妨礙

不過，檢查電子產品或樂器的聲音時，牆壁的回音會造成妨礙。所以會在沒有回音的無響室檢查。

③用像波一樣的形狀吸收聲音

無響室的牆壁，使用不容易傳遞聲音的物質打造。而且牆壁表面也不平坦，形狀像波一樣。無響室就利用表面的凹凸吸收聲音，讓聲音不會反彈。

10月 27日

直升機為什麼能夠停在半空中？

把轉速調整到讓自己不往上也不往下，才終於能夠停住。

解決疑問！

直升機透過調整螺旋槳的轉速讓自己停在半空中。

這就是秘密！

①螺旋槳產生升空的力

直升機轉動螺旋槳（機體上方的葉片），創造出向下的氣流，產生向上的上升力。轉速越快氣流越強，揚力也會越大。

②透過轉速讓兩股力達到平衡

直升機透過調節螺旋槳的轉速，讓上升力與朝向地面的重力（→P34）達到平衡，就能停在半空中。像這種停在半空中的飛行狀態，稱為「停懸」。

③利用螺旋槳的傾斜改變方向

前進時螺旋槳往前傾斜，讓空氣往後流動。直升機就這樣透過改變螺旋槳的傾斜方向，往前後左右自由移動。

直升機調整螺旋槳的旋轉速度，讓重力與揚力互相抵消。

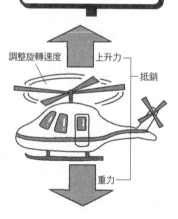

調整旋轉速度　　上升力

抵銷

重力

10月 28日

阿爾伯特・愛因斯坦

？ 他是誰？

他也因為從事反原子彈運動而聞名。

他提出的相對論，成為物理學基礎。

 原來這麼厲害！

他顛覆了物理學的常識，被譽為「20世紀最偉大的物理學家」。

①他邊在專利局工作邊持續研究

愛因斯坦出生於德國的烏姆市。他從以前就擅長物理與數學，大學畢業後邊在專利局工作，邊持續進行物理研究。

②光速不會改變！？

愛因斯坦在1905年完成了一篇論文，主題是「時間的進行與空間的大小會隨著立場而改變，只有光速不會變」。這個想法就稱為「特殊相對論」。

③時間會因為能量或質量而扭曲！？

他在論文完成的11年後，發表了由特殊相對論發展而來的廣義相對論。這兩種相對論成為最重要的理論，探索黑洞（→P344）等宇宙秘密時也不可或缺。

月 **29**日

閱讀日期　　　月　　日

豆芽為什麼是白色的？

💡 **解決疑問！**

綠色的色素是進行光合作用的成分喔！

豆芽生長在黑暗的地方，無法形成綠色的色素。

🔍 **這就是秘密！**

相同種類的豆子，在亮的地方會發芽，在暗的地方則會變成豆芽。

①豆芽如果依照一般方式培養也會變成綠色

豆芽是從大豆或綠豆等豆類長出來的芽。這些豆類如果照一般方式培養，也會靠太陽光製造養分進行光合作用，所以會形成綠色色素，變成綠色的。

照光
變成豆芽

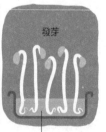
發芽
只用水培養

②照不到光就會變白

孵豆芽時，會把這些豆類放在照不到光的地方培養。這麼一來，豆芽就會因為無法進行光合作用而產生不了綠色色素，維持原本的白色。豆芽在發芽之後，大約1個禮拜就可收成。

③沒有光能讓口感變好

在暗處培養的豆芽，每一個細胞都會變大，比一般方式培養的豆芽更水嫩，所以才會特地在暗處培養。

10月

生物

恐龍為什麼那麼大隻？

? 動動腦

世界上體型最大的恐龍，全長約有30m喔！

❶因為有豐富的食物

❷因為人類改造了恐龍的基因

❸因為當時的地球比現在更大

➡ 答案 ❶ 因為當時有豐富的食物，足以讓恐龍生存下來。

 這就是秘密！

現在體型最大的陸生動物「非洲象」，體長也只有6m左右。

①豐富的食物讓恐龍長出龐大身軀

就陸生動物而言，恐龍的身體非常龐大。因為在恐龍生活的時代，植物比現代更容易生長，所以吃植物的恐龍，能夠把許多能量用在長大。

②龐大身軀的呼吸機制

而且據說恐龍呼吸時不只使用肺，還會使用「氣囊」這種袋狀器官，呼吸起來更有效率，所以即使擁有需要許多氧氣的龐大身軀也能生存。

③肉食恐龍也為了狩獵而變大

吃植物的恐龍體型變大後，肉食恐龍也無法維持嬌小體型，否則就無法狩獵。所以根據推測，肉食恐龍的體型也因為捕獵的恐龍大型化而跟著變大。

10月 31日

其他星球有水嗎？

❓ **動動腦**

❶ 在所有的星球都能發現水

❷ 一部分的星球有水或冰

❸ 只有地球有水

➡ 答案 **2** 在太陽系中，也存在著許多有水的星球。

> 據說火星在以前也有液態水呢！

 這就是秘密！

①太陽系的行星有許多水

如果把由冰形成的天體算進去，太陽系的很多星球都有水。科學家甚至認為，土星的衛星恩克拉多斯（土衛二），與木星的衛星歐羅巴（木衛二），存在能讓生物生活的水。

> 據說覆蓋在歐羅巴表面的冰層中，存在著液態水。

②太陽系以外的星球也可能有水！？

1990年代以後，天體觀測技術進步，陸續發現了太陽系以外的行星。科學家也發現這些行星中，許多都可能有水。

③有水就可能有生物

生物生存需要水與空氣。所以有水的行星，就有比較高的可能性存在著生物。

11月

11月 1日

為什麼要進行預防接種？

在冬天正式來臨之前完成預防接種吧！

解決疑問！

預防接種能夠事先產生免疫力，讓身體不容易生病。

這就是秘密！

注射病毒的一部分，就能產生對抗這種病毒的抗體。

①利用免疫力的預防接種

我們的身體擁有免疫機制，能夠擊退從外部入侵的異物。因為免疫力的關係，有些疾病不容易再度罹患。

②預防接種使用的疫苗

預防接種利用的是身體的免疫作用，使用的藥物稱為「疫苗」，注射疫苗就能因為免疫作用產生對抗疾病的抗體。

疫苗中包含了病毒的一部分

產生專用抗體

實際的疾病病毒

利用事先產生的抗體對抗

③一種疫苗只對一種疾病有用

疫苗分成把病毒與細菌的毒性減弱製成的活性減毒疫苗，以及讓病毒與細菌失去感染力的不活化疫苗。但不管哪種疫苗，都只對特定疾病有效，即使只是類型不同也會失去效果。

11月

自然

雲和霧一樣嗎？

❓ 動動腦

❶成分一樣，但形成的場所不一樣

❷形成的場所一樣，但成分不一樣

❸不管是成分還是形成的場所都不一樣

➡ 答案 **①** 雲和霧都由水滴形成，但是形成的場所不一樣。

就算很接近地面也能看到霧。

🔍 這就是秘密！

①雲和霧的真面目都是水滴

雲和霧的成分一樣，不管是雲還是霧，都由空氣中的水蒸氣冷卻形成的水滴聚集而成。

②雲在上空形成，霧在地面附近形成

雲和霧的差別在於形成的場所。因上空的空氣冷卻，水蒸氣在上空凝結成水滴所形成的是雲。而地面附近的空氣冷卻，水蒸氣凝結成水滴所形成的則是霧。

③在山上有時無法區別

但有時也無法清楚區別兩者。高掛在山頭的雲，對山上的人而言是接近地面的霧，但就一般人來看，就是山上的雲。

由水滴聚集而成的現象中，能見度比霧好的稱為「靄」。

物品的原理

11月 3日

光纖和一般電線不一樣嗎?

就某些方面來說,使用光
比使用電更方便。

❓ 動動腦

❶光纖可以傳送更多資訊
❷電線可以傳送更多資訊
❸兩種是同樣的東西

➡ 答案 **1** 光纖利用的是光,
所以能夠傳送更多資訊。

🔍 這就是秘密!

光纖還有另一個優點,那就
是比電線更細。

①使用在網路的光纖

電腦一般靠著電纜連上網路,而電纜除了使用
電線之外,也會使用「光纖」。

②電線用的是電,光纖用的是光

一般使用電線的電纜是束在一起的銅線等金屬
線,透過電子訊號來交換資訊。至於光纖電纜
則是束在一起的光導纖維,透過光的閃爍來交換資訊。

③光的閃爍能夠傳送更多資訊

光的閃爍訊號一次能夠傳送的資訊量比電子訊號更多。此外,光纖的
訊號也不容易減弱,所以能夠傳得更遠。

11月

11月 4日

發明

閱讀日期　　月　日

有辦法製造時光機嗎？

是不是可能已經有未來人來到現代了呢？

解決疑問！

雖然很難實現，但理論上可以做到。

這就是秘密！

在高速移動的情況下，時間的流速比周圍緩慢。

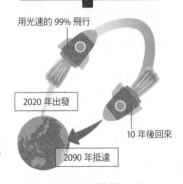

用光速的99%飛行

2020年出發

10年後回來

2090年抵達

①如果移動時間就會變慢！？

根據特殊相對論（→P333），光速永遠相同。在光線後面追趕，原本應該使光線看起來變慢，但光速卻沒有改變，這是因為對於追趕的人而言，時間的流速也變慢了。

②用一半的光速移動，時間流速變成0.87倍

舉例來說，用一半的光速（秒速30萬km）移動，時間的流速會變成靜止時的約0.87倍。靜止時過了一年，對於用一半的光速移動的人而言只過了10個半月。

③說不定可以去到未來？

應用這個想法，似乎就能去到未來，但製造接近光速的交通工具並不容易，至於回到過去應該更難。

11月 5日

食物

為什麼蝦子與螃蟹煮熟會變成紅色？

解決疑問！

紅色的鮭魚肉，也來自相同的色素。

因為含有紅色色素，所以煮熟會變成紅色。

這就是秘密！

煮熟之後與紅色色素、蛋白質的結合就會變弱。

①螃蟹與蝦子的身體含有紅色色素

蝦子與螃蟹的身體，含有「蝦紅素」這種紅色色素。當蝦子與螃蟹還活著的時候，蝦紅素與蛋白質結合，才呈現偏黑的顏色。

蛋白質

蝦紅素
（紅色色素）

蝦紅素分離

②煮熟就因為蝦紅素而變紅

蝦子與螃蟹煮過或烤過之後，蝦紅素就會離開蛋白質，恢復成原本的紅色。所以煮熟就會變紅。

③透過食物攝取蝦紅素

蝦子與螃蟹並非原本就含有蝦紅素，而是透過吃浮游生物攝取。所以有些蝦蟹被餵食不含蝦紅素的飼料，就算煮熟也不會變紅。

11月

鯨魚為什麼那麼大隻？

❓ 動動腦

❶因為生長在寒冷的海裡

❷因為生長在溫暖的海裡

❸為了避免被鯊魚吃掉

南極海的水溫幾乎是0℃！人類無法忍受吧……

➡ 答案 **1** 身體龐大比較有利於生長在寒冷的海裡。

🔍 這就是秘密！

①鯨魚的祖先原本棲息在陸地上

科學家認為，鯨魚的祖先在很久以前原本棲息在陸地上，大約5000萬年前才開始在水裡生活，演化成鯨魚。而其中有一部分的鯨魚體型變得越來越大。

有些種類的鯨魚，1年可以由北到南移動數千公里。

②龐大的身體不容易冰冷

動物的身體越大，不僅越不容易被敵人侵襲，在身體容易冰冷的水中也比較容易維持體溫。而且身體龐大也能為了尋找食物而移動到遠處。

③嬌小的身體只需要少量食物就能生存

但是龐大的身體需要更多食物，所以同屬鯨豚類的海豚，為了只需要少量的食物即可生存，並沒有變得大隻。

11月 7日

黑洞是什麼？

最知名的黑洞之一就位在天鵝座。

💡 **解決疑問！**

黑洞是重力龐大的天體，由質量大的星體爆炸形成。

🔍 **這就是秘密！**

在黑洞裡面，越接近中心就越會被拉長。

黑洞的中心

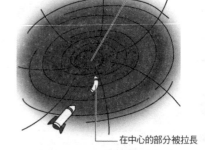

在中心的部分被拉長

①超新星爆炸後形成

質量約太陽30倍以上的恆星，在生命的最後會發生超新星爆炸，爆炸後因為承受不了自己的重力（→P34）而往中心內縮，於是就形成了又小又重的天體「黑洞」。

②重力連光也吸進去

天體吸引物體的重力，隨著天體的密度增加而變大。又小又重的黑洞密度極大，不只吸引物質，連光也會被吸進去。

③2019年第一次拍到黑洞

因為黑洞連光也吸進去，所以長期以來都只能觀測黑洞釋放出來的電波，無法觀測到實體。不過在2019年，終於用直接攝影的方式拍到第一張黑洞的照片。

身體

11月 8日

為什麼緊張的時候會心跳加速？

? 動動腦

緊張的時候會出汗也是相同的機制。

❶因為血液的量增加

❷因為身體的活動被抑制

❸因為身體的活動變得活躍

➡ 答案 **3** 緊張的時候，
提升身體活動的交感神經發揮作用。

🔍 這就是秘密！

副交感神經在身體保持休息狀態時會發揮作用。

①調節身體作用的自律神經

我們的身體裡存在著把大腦命令傳到身體各處、自動調節身體作用的神經。這種神經稱為「自律神經」，分成交感神經與副交感神經兩種。

②提升身體活動的交感神經

兩種神經當中，交感神經能讓身體活動變得活躍。當交感神經發揮作用時，為了刺激肌肉的活動，呼吸與心跳會加速，或是會出汗。

③對情緒敏感的交感神經

自律神經對我們的情緒也非常敏感。所以緊張時交感神經的作用就會變得活躍，心跳會加速，呼吸也會變得困難。

11月 9日

為什麼天氣變冷的時候，呼氣看起來是白色的？

解決疑問！

其實我們本來用肉眼是看不到水蒸氣的喔！

白色的氣息，是水蒸氣冷卻變成的水。

這就是秘密！

①眼睛看不見水蒸氣

我們呼出的氣含有水分，但這些水分變成氣體「水蒸氣」，所以眼睛看不見。

②冬天的空氣不太含有水蒸氣

空氣中所含的水蒸氣有一定的上限，溫度越低上限也越低。所以氣溫低的冬天，空氣中所含的水蒸氣量也變得非常少。

③多出來的水蒸氣就變成白色的氣息

我們呼出的氣體溫度較高，所含的水蒸氣也比冬天冰冷的空氣多。這些氣息冷卻後，冰冷的空氣所容納不了的水蒸氣變成水滴懸浮在空氣中，看起來就是白色的氣息。

呼出體外被冷卻的水蒸氣，變成細小的水滴。

冷卻的氣息變成白色

水（眼睛看得見）　　水蒸氣（眼睛看不見）

11月

數位相機的原理是什麼？

動動腦

❶使用水記錄

❷使用鏡子記錄

❸使用感光元件記錄

➡ 答案 ❸ 數位相機把3種感光元件不同的反應當成顏色記錄起來。

> 仔細看照片，就會看到許多顏色的粒子排列在一起喔！

> 據說相機的結構與人類的眼睛非常類似。

這就是秘密！

①相機的鏡頭背後有感光元件

紅色、藍色、綠色的光稱為光的三原色，只要有這3種光，就能表現各種顏色。相機的鏡頭背後，安裝了影像感光元件，對光的三原色會產生反應。

②影像感光元件由3種感光元件形成

影像感光元件，由3種分別只對三原色之一產生反應的感光元件排列而成，並根據進入鏡頭的顏色，發出不同的電子訊號。

③每台相機有數百萬～數千萬個感光元件

每台數位相機擁有數百萬～數千萬個感光元件。相機把各個感光元件發出的不同電子訊號記錄成顏色，保存下來變成照片。

發明

閱讀日期　　　月　　日

恩斯特・魯斯卡

他是誰？

他從最初的發明到獲頒諾貝爾獎花了55年呢！

他發明了可以看見小東西的電子顯微鏡。

原來這麼厲害！

距離最初的發明只有2年，就成功地大幅提升性能。

①他想到了新型態顯微鏡的靈感

魯斯卡出生於德國的海德堡。他在研究電子工學時，想到可以使用通電的線圈，製造將電子（→P391）流（電子束）彎曲的鏡片。於是他在1931年成功研發出全世界第一座電子顯微鏡。

②不斷地改良電子顯微鏡

魯斯卡持續進行研究，最初的顯微鏡倍率只有17倍，2年後達到1萬2千倍。後來電子技術公司投入技術改良，魯斯卡也在日後獲頒諾貝爾物理學獎。

③電子顯微鏡可以看見病毒

有了電子顯微鏡之後，原本看不見的東西都能夠看見了。譬如造成感冒等疾病的病毒就是其中之一。

11月 12日

為什麼摸了山藥會癢？

山藥中心的部分似乎就不太有這種會刺皮膚的物質了。

 解決疑問！

山藥中所含的物質會刺到皮膚。

這就是秘密！

①山藥中含有草酸鈣

山藥中含有「草酸鈣」這種物質的結晶。雖然小到眼睛看不見，但這種結晶的形狀就像針一樣刺。

②被草酸鈣刺到會癢

摸到山藥時，皮膚會被草酸鈣的結晶刺到，我們感覺到的癢就是這時的痛感。不只山藥，酢漿草與鳳梨等植物也含有草酸鈣。

③熱水或醋能夠有效止癢

山藥所含的結晶成分像針一樣刺。

草酸鈣的結晶

草酸鈣怕熱也怕酸，而醋也是酸的一種，所以塗抹熱水或醋能夠止癢。摸山藥之前先在手上抹醋也有效。

生物

森林裡面為什麼不會堆滿落葉？

解決疑問！

生物的活動讓落葉變成鬆軟的土。

生物能夠把落葉變得細碎。

這就是秘密！

①落葉最後會變成土

到了秋天，森林裡就會有許多的落葉。但是樹木不是只有秋天才會掉葉子。「常綠樹」這個種類的樹木，一年四季無論何時都有葉子掉落。但就算是這樣，森林裡依然不會堆滿落葉，這是因為落葉變成了像土一樣的形態。

②蚯蚓與鼠婦會吃落葉

掉到地面的葉子，首先會被鼠婦與蚯蚓等小動物吃掉，變成細小的糞便與土壤混和。

③黴菌與細菌製造養分

鼠婦與蚯蚓的糞便，被黴菌與細菌等微生物分解，變成養分。而這些養分，就用來供給森林裡的植物成長。

生物的力量讓落葉變得越來越細小。

被鼠婦與蚯蚓吃掉

被黴菌與細菌分解

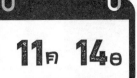

11月 14日

地球是在什麼時候形成的？

？ 動動腦

❶大約200萬年前

❷大約46億年前

❸大約100億年前

如果地球沒有誕生，也不會有人類呢……

➡ 答案 **2** 地球由太陽周圍的塵埃聚集而成。

🔍 這就是秘密！

①星體在宇宙形成的數億年後誕生

據說宇宙在距今約138億年前形成（→P20）。宇宙形成的數億年後，漂浮在宇宙的塵埃與氣體聚集成星體，同時誕生了由這些星體聚集而成的銀河。

剛誕生的地球與現在完全不一樣，是個灼熱的星體。

②太陽在大約46億年前誕生

大約46億年前，其中一個銀河的塵埃與氣體聚集，開始形成太陽。後來，太陽逐漸收縮，溫度與壓力也逐漸升高，變成與現在相同的形態。

③差不多在太陽誕生的時候，地球也誕生

這時的太陽周圍還有許多塵埃，這些塵埃分群聚集，互相碰撞變得更大，誕生了地球等行星。

11月 15日

身體

為什麼年紀變大頭髮會變白？

> 毛髮是因為後來吸收黑色素才變黑的。

解決疑問！

隨著年紀增長，毛髮製造黑色素的能力逐漸衰退。

這就是秘密！

①毛髮會變黑是因為黑色素的關係

我們的毛髮裡面含有「黑色素」。毛髮會變黑就是因為黑色素的關係。

②製造黑色素的能力隨著年齡而衰退

毛髮在毛根製造時，吸收了由色素細胞製造的黑色素。但是年紀變大後，色素細胞製造黑色素的能力衰退，毛髮中的黑色素減少，頭髮就會變白。

③遺傳、疲倦、營養不良等也會變白

> 製造黑色素的細胞在年紀變大之後逐漸無法發揮作用。

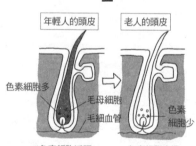

年輕人的頭皮　老人的頭皮

色素細胞多
毛母細胞
毛細血管
色素細胞少

色素細胞活躍　色素細胞衰退

有時候就算年紀沒有變大，頭髮還是會變白。年輕時頭髮變白，通常是因為壓力、疲倦、減肥造成的營養不良等等。

11月

閱讀日期　月　日

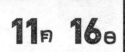
11月 16日

為什麼從高的地方跳下來腳會痛？

如果落地前的時間拉長，會發生什麼事呢？

❶因為落地的速度逐漸加快

❷因為害怕所以覺得更痛

❸因為與空氣的摩擦力變大

➡ 答案 **1** 落地的速度受到重力吸引而逐漸加快。

這就是秘密！

從高的地方丟東西下來速度會變快也是同樣的理由。

①落地的速度依高度而異

從高處跳下來，比從低處跳下來時腳更痛。這是因為從高處跳下來的時候，著地瞬間的速度比從低處跳下來更快，所以衝擊也更大。

②重力產生加速度

這是因為重力（→P34）在我們往下掉時發揮
作用。掉落的速度因為重力的作用，以一定的量加快，這個量就稱為加速度。

③10秒後的速度變成10倍！

地球的重力產生的加速度（重力加速度）大小是9.8m/s²。換句話說，就是以每秒鐘速度加快9.8m的量逐漸變快。所以從高處往下跳，衝擊的力道也隨著落地時間拉長而增強。

11月 17日

一般燈泡與LED燈泡有什麼不一樣？

❓ 動動腦

❶ 都一樣

❷ 亮度不一樣

❸ 發光的原理不一樣

燈泡裡面分別放入不同的東西。

➡ 答案 **❸** 一般燈泡與LED燈泡發光的位置也不一樣。

🔍 這就是秘密！

LED依照紅光、黃綠光、藍光的順序發明出來。

①一般的燈泡靠燈絲發光

一般的燈泡（白熾燈泡）裡裝著「鎢」這種金屬製成的燈絲，燈泡就靠著電流通過燈絲來發光。

②LED燈泡的光來自發光二極體

至於LED燈泡（發光二極體）裡則裝著晶片。
LED晶片由帶負電的n型半導體與帶正電的p型半導體貼合在一起製成。

 11月

③LED燈泡的發光效率好

電流通過LED晶片時，正電與負電聚集在一般半導體的交界處。正負電彼此碰撞，部分電能就轉變為光能。

半導體

重要單字

知道這些就能懂！
3POINT

多數半導體會受到雜質的量與光、熱等影響，大幅改變通過的電流量。

❶ **金屬之類的導電物質稱為導體**

❷ **橡皮等幾乎不通電的物質稱為絕緣體**

❸ **半導體擁有介於導體與絕緣體之間的性質**

矽是半導體的代表，透過混入雜質擁有導電的結構。

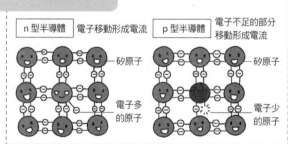

n型半導體 電子移動形成電流		p型半導體 電子不足的部分移動形成電流

矽原子

電子多的原子

矽原子

電子少的原子

半導體是IC（積體電路）的材料。IC使用在許多產品中，手機裡面也一定會有。

製造半導體需要完全沒有雜質的水。電子產品中使用的就是這種被嚴格管理的半導體。

11月 18日

發明

為什麼電子顯微鏡能夠看見小東西？

只有電子顯微鏡才能看到病毒與細胞內部。

解決疑問！

電子顯微鏡使用的是波長比光更短的電子束。

電子顯微鏡的性能雖高，卻也需要規模較大的裝置。

這就是秘密！

①光學顯微鏡使用光觀察物體

一般光學顯微鏡利用穿透物體的光觀察微小的物體。光是一種波，波長約為400～800nm（1萬分之4～8mm）。

②波太大看不到微小的物體

光學顯微鏡無法正確觀察波長比光更小的物體。因為光波相對於觀察的物體而言太大了，無法正確反射。

③電子顯微鏡可以觀察微小的物體

至於魯斯卡（→P348）發明的電子顯微鏡，則使用電子（→P391）流（電子束）代替光波。高性能的電子顯微鏡，電子束的波長大約0.002nm（10億分之2mm）。所以能夠觀察的物體比光學顯微鏡更微小。

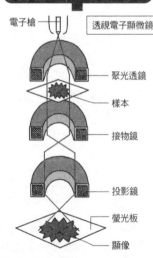

電子槍

透視電子顯微鏡

聚光透鏡
樣本
接物鏡
投影鏡
螢光板
顯像

11月

蒟蒻是什麼做的？

? 動動腦

❶蒟蒻由「蒟蒻芋」這種植物做成

❷蒟蒻由「蒟蒻貝」這種貝類做成

❸蒟蒻由「蒟蒻魚」這種魚類做成

蒟蒻的Q彈感到底是怎麼產生的呢？

➡ 答案 **1** 蒟蒻的原料是「蒟蒻芋」這種芋頭類植物。

🔍 這就是秘密！

原來製作蒟蒻這麼費工夫……

①蒟蒻的成分是水分與植物纖維

蒟蒻的成分中，96～97％是水，其餘的3～4％，幾乎都是雖然身體無法吸收，卻具有整腸作用的食物纖維。

②蒟蒻的原料是蒟蒻芋

蒟蒻的原料是名為「蒟蒻芋」的植物。製作蒟蒻時，先將蒟蒻磨碎，加水進去攪拌。接著將攪拌好的材料與石灰水等混和，煮熟讓它凝固。

③只有一部分的國家會吃蒟蒻

在全世界當中，只有日本、中國、韓國等東亞國家，以及極少數的東南亞國家會吃蒟蒻。日本絕大多數的蒟蒻芋，都在群馬縣栽培。

為什麼有的銀杏會結果，有的不會？

❓ 動動腦

❶差別在於有的樹年輕，有的樹年老

❷因為有的銀杏一結果就全部被採收了

❸差別在於雌株與雄株

➡ 答案 **3** 只有雌株會長出果實與種子。

大家知道植物結果的目的是什麼嗎？

🔍 這就是秘密！

蘇鐵與桑樹等樹木，也有雄株與雌株的分別。

①結出銀杏果的銀杏樹

公園裡種植的銀杏樹，到了秋天就會結出黃色的果實。這些果實中的種子，就是「銀杏果」這種食物。

②結果的雌株與不結果的雄株

仔細觀察公園裡的銀杏樹，就會發現有些樹掉落許多果實，有些樹則不會掉果實。這是因為銀杏樹分成雌株與雄株。

③最近有些地方只種植雄株

雄株只開會製造花粉的雄花，雌株只開會長出種子的雌花，所以只有雌株會結出銀杏。因為銀杏掉果爛掉會非常臭，最近也有越來越多行道樹只種雄株。

11月 21日

霜柱是如何形成的？

 解決疑問！

據說關東地方的土質容易形成霜柱。

霜柱是土壤中的水分結冰，體積變大所形成的。

🔍 **這就是秘密！**

①土壤中的冰浮到地面上

地面中含有許多水分。氣溫下降時，地表附近的水分就會冷卻變成冰。水變成冰體積會增加，所以結冰時就會稍微浮到地面上。

②被吸上來的水也逐漸結冰

土壤下方的水，也會透過土壤間的微小縫隙被吸上來，在地表附近變成冰。這個過程不斷重複，冰就向上成長，形成霜柱。

③水被吸上來的毛細現象

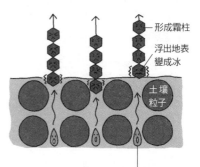

從土壤縫隙往上爬的水分，浮出地表變成冰。

形成霜柱

浮出地表變成冰

土壤粒子

水分沿著土壤縫隙往上爬

土壤下方的水被吸上來，是因為水具有沿著縫隙往上爬的性質。像這種水沿著縫隙往上爬的現象就稱為毛細現象。

11月 22日

為什麼跪坐腳會麻？

動動腦

❶因為腿部的血液循環變好

❷因為腿部的血液循環變差

❸因為腿部的溫度變高

➡ 答案 **2** 血液流不到腳，導致神經的功能變差。

這就是秘密！

①血液流不到的部分功能就會變差

我們的身體在活動時，也會接收血液運來的養分與氧氣等。如果血液流不進來，這個部分的功能就會變差，嚴重的時候甚至會壞死。

②跪坐會導致血液停滯

血管通過膝蓋把血液送到腳尖。但跪坐時膝蓋彎曲，血管也跟著彎曲，血液就難以從膝蓋送到腳尖。

③神經的功能變差就會麻痺

如果血液流不到膝蓋以下的神經，傳遞痛感與熱感等訊號的神經系統功能就會變差。所以膝蓋以下就會麻痺，甚至失去知覺。

血液運送身體所需的養分……

枕在手臂上睡覺，也同樣會讓神經的功能變得遲鈍。

自然

11月 23日

閱讀日期　　　月　　日

為什麼零食的袋子在山上會膨脹？

包裝袋裡裝的可不只是零食喔！

解決疑問！

山上的氣壓低，袋子因為內側的空氣往外推擠而膨脹。

這就是秘密！

①每1cm²承受的氣壓約1kg

地球上的物體隨時都受到空氣擠壓，空氣的壓力稱為氣壓，地上的物體承受的氣壓，每1cm²約1kg。

②地面上的物體也用同樣的力推回去

不過，地面上的物體並不會因此而被氣壓壓扁，因為這些物體的內側也有同樣的力在往外推。零食的袋子也因為裝著氮氣而不會被壓扁。

③山上的氣壓低

山上的氣壓低，由外往內推的力變弱。

氣壓低

氣壓高

袋子膨脹

高山上的氣壓比地面低，富士山頂的氣壓只有地面的約60%。但從袋子內側往外推的力沒有變，所以往外推的力在高山上就大於氣壓，使得袋子膨脹。

閱讀日期 ⬚ 月 ⬚ 日

車子的俯視影像是怎麼拍的？

動動腦

❶從人造衛星拍的

❷透過車頂伸出的棒子前端的攝影機拍的

❸透過裝在車體上的幾個攝影機拍的

拍出來的影像和實際影像稍微有點不同。

➡ 答案 **3** 電腦把車體的攝影機拍攝的影像合成在一起。

這就是秘密！

①有了影像，停車也輕輕鬆鬆

最新款的汽車，能夠在車內的螢幕播放出從正上方看見的車子的影像。只要看著這個影像操作車子，即使在狹窄的地方也能順利停車。

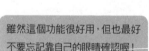
雖然這個功能很好用，但也最好不要忘記靠自己的眼睛確認喔！

②透過安裝在車體的4台攝影機拍攝

螢幕中的影像並不是真的從正上方拍攝。
車體的前後與左右的後照鏡下方，總共安裝了4台能夠用非常廣的角度拍攝的攝影機，影像就透過這4台攝影機拍攝。

③使用拍攝的影像合成車體的影像

車子的電腦把攝影機拍攝的影像拼成一幅影像，並利用這幅影像合成車體的影像，製造出來的影像就彷彿從正上方拍攝一樣。

11月

11月 25日

湯川秀樹

? 他是誰？

> 他是第一個獲得諾貝爾獎的日本人。

他預測到原子核裡，還存在著結合質子與中子的介子。

原來這麼厲害！

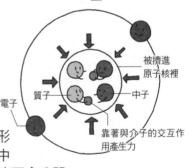

> 原子核中的質子與中子，靠著介子結合。

①他在名校學習物理學

湯川秀樹是地質學家的兒子，出生於東京。他透過讀書對物理學產生興趣，進入京都帝國大學（現在的京都大學）學習物理學。

②原子核中殘留的謎團

當時已經知道，物質由原子（→P312）形成，而原子中心的原子核，則由質子與中子形成。但當時並不知道質子與中子為什麼不會分開。

③他預測介子的存在而獲頒諾貝爾獎

湯川秀樹在大學畢業後仍持續研究，並預測原子核裡還存在著介子，介子具有結合質子與中子的作用。後來這個假說的正確性得到證明，他在1949年獲頒諾貝爾獎。

食物

11月 26日

加入泡打粉的鬆餅為什麼會膨脹？

💡 **解決疑問！**

泡打粉又叫做發粉喔！

泡打粉產生二氧化碳，讓麵糊膨脹。

🔍 **這就是秘密！**

①泡打粉讓麵團膨脹

製作烘焙點心時，會為了讓麵糊膨脹而加入一種粉末，這種粉末就叫做泡打粉。泡打粉的主要成分是小蘇打粉與「酒石酸」這種物質。

泡打粉的成分會釋放二氧化碳，所以麵糊會變得鬆軟。

釋放二氧化碳

泡打粉的成分

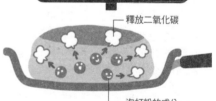

②泡打粉加熱會釋放出二氧化碳

小蘇打粉的正式名稱是碳酸氫鈉。碳酸氫鈉與酒石酸加熱會產生化學反應，分解成水、二氧化碳與酒石酸鈉。

③麵糊因為二氧化碳的氣泡而膨脹

這些成分中的二氧化碳是氣體，在麵糊中會變成氣泡。麵糊因為二氧化碳的氣泡而膨脹，成為鬆軟可口的烘焙點心。

11月

11月 27日

生物

動物的疾病會傳染給人類嗎？

❓ 動動腦

接觸寵物的時候必須小心。

❶所有動物的疾病都會傳染給人類

❷只有一部分的疾病會傳染給人類

❸所有動物的疾病都不會傳染給人類

➡ 答案 ❷ 有些疾病會從動物傳人，或是從人傳給動物。

🔍 這就是秘密！

有些疾病只有在人類感染時才會出現症狀，千萬不能大意。

①也會傳染給人類的人畜共通傳染病

動物的身體結構因為種類而有些微差異，所以不少疾病只會傳染給特定的動物。但有些動物的疾病也會傳染給人。這些疾病稱為人畜共通傳染病。

②有些疾病會從寵物傳染給人

譬如由老鼠傳染給人的鼠疫、由狗傳染給人的狂犬病、由鳥傳染給人的鸚鵡熱等，都是人畜共通傳染病。

③接觸動物後就要洗手

為了避免感染這些疾病，平常就必須小心預防，譬如考慮到動物帶有疾病的可能性，接觸動物後就要洗手。

11月 28日

化石是怎麼形成的？

💡 **解決疑問！**

日本也發現了神威龍之類的化石。

生物死後的殘骸被沙土掩埋，變成了化石。

🔍 **這就是秘密！**

①化石是生物的痕跡

化石是很久以前的生物痕跡。多數化石是骨骼與牙齒等身體堅硬的部分，但也會發現皮膚、足跡、糞便等化石。

②生物埋在沙土裡變成化石

動物的屍體在水中被土掩埋變成化石

①動物的屍體沉入水裡，沙土在屍體上堆積。

② 殘骸變成化石，因為地殼隆起而冒出地表。

生物死後如果沉到海裡或湖裡，多數情況下身體會腐敗，但不容易腐敗的骨骼等部分則會保留下來，最終被土或沙掩埋。這些骨骼經過漫長的歲月被置換成其他成分，就變成化石。

③在山上也能看到化石

化石主要在海底或湖底形成。但如果發生地震，海底被推擠上來，含有化石的地層就會往陸地移動。過去曾經從這樣的地層中發現許多化石。

11月

11月 29日

身體

閱讀日期　　月　日

為什麼會打呵欠？

動動腦

❶為了吸進氧氣

❷為了消除睡意

❸為了放鬆臉部肌肉

➡ 答案 **1** 一般認為打呵欠具有吸進氧氣的作用。

但打呵欠會「傳染」的原因，現在也仍不清楚。

這就是秘密！

小狗或小貓似乎也會打呵欠呢！

①想睡覺的時候經常會打呵欠

想睡覺的時候經常會打呵欠。雖然我們並不清楚為什麼想睡覺就會打呵欠，但最有力的說法是為了吸進氧氣。

②為了吸進氧氣所以會打呵欠！？

根據推測，想睡覺的時候呼吸會變得緩慢，吸進身體裡的氧氣就會變得不足。察覺這點的大腦於是對身體發出吸進大量氧氣的命令，於是就會打呵欠。

③身體不舒服或生病的時候也會打呵欠

就算不想睡覺，疲倦、暈車等身體狀況不好的時候，或是心臟、腦部生病的時候，也可能會打呵欠。這些時候打呵欠，也是因為氧氣沒有順利循環到全身的緣故。

367

11月 30日

自然

浴缸裡的水為什麼只有上面會熱？

❓ 動動腦

❶因為熱有向上傳導的性質

❷因為浴缸的結構讓熱水往上移動

❸因為熱水比較輕

➡ 答案 **3** 熱水比冷水輕，所以會往上移動。

就算從下面加熱，過了一陣子上面也會變熱。

🔍 這就是祕密！

①浴缸裡的水透過對流變熱

放熱水的時候，熱水從熱水器流出，移動到浴缸裡，使整個浴缸的水變熱。像這種溫暖的物體移動，把熱傳導到整個容器的過程就稱為對流。

如果想要快點讓整個浴缸的水變得溫暖，可以用手攪拌。

②熱水比較輕

熱水比冷水輕，所以對流的時候熱水往上移動，冷水則受到熱水擠壓而往下移動。因此放熱水的時候，上方會變熱。

③溫暖的空氣也比較輕

進入暖氣房的時候，房間的上方會比較溫暖，這也和浴缸的熱水原理相同。這種時候，用電風扇等攪動房間裡的空氣，就能讓整個房間變得溫暖。

11月

12月

網際網路的原理是什麼？

💡 解決疑問！

網際網路讓全世界的電腦彼此連結。

現在電腦以外的裝置也能連上網。

🔍 這就是秘密！

①全世界的電腦連結在一起

好幾台電腦能夠彼此交換資訊的機制稱為「網路」。網際網路是把全世界的電腦、手機等都連結在一起的巨大網路。

②網際網路使用電纜連結

被稱為「供應商」的電信公司提供的通訊線路，利用電纜連上電腦就能使用網路。

③沒有電纜也能連上網

最近的電腦與手機，不使用電纜也能連上網路。這種被稱為WiFi或無線網路的連線技術，是利用連接線路的機器「路由器」與電波之間的資訊交換連上網路。

不管是個人還是團體，各式各樣的網路都與網際網路連結。

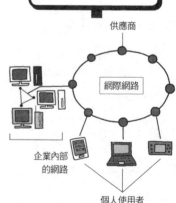

供應商

網際網路

企業內部
的網路

個人使用者

12月

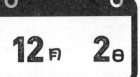

發明

閱讀日期　　月　　日

小柴昌俊

 他是誰？

他成功觀測到來自太陽系之外的微中子。

科學家從提出微中子的存在假說到發現微中子，花了50年以上。

原來這麼厲害！

微中子的名稱來自不帶電的「中性」。

①他製造了觀察質子衰變的裝置

小柴昌俊出生於愛知縣豐橋市。他在研究原子結構的時候，為了確認質子（→P312）的衰變，在岐阜縣神岡礦山遺跡打造了「神岡探測器」這項裝置。

②微中子是解開宇宙誕生之謎的關鍵？

當時為了解開宇宙誕生之謎，許多天文學家試圖觀測來自太陽系之外的微小粒子「微中子」。但觀測微中子非常困難，未曾有人成功過。

③成功觀測來自太陽系之外的微中子

神岡探測器在1987年首度觀測到微中子。這項世界第一的壯舉，讓小柴昌俊在2002年獲頒諾貝爾物理學獎。

感冒的時候把蔥捲在脖子上真的能治好嗎？

 動動腦

❶任何感冒都能治好

❷能夠治好喉嚨的感冒

❸其實治不好

根本不會想把食物捲在脖子上吧？

➡ 答案 ❸ 把蔥捲在脖子上應該沒有任何效果。

 這就是秘密！

與其把蔥捲在脖子上，不如用蔥製作營養豐富的料理！

①「民俗療法」是人們的智慧結晶

從以前流傳下來的治病方法與現代醫學不同，稱為「民俗療法」。感冒的時候，把薑和紅糖煮成薑湯、把蛋打進酒裡做成蛋酒等，都屬於民俗療法。

②培養戰勝疾病的體力

薑湯與蛋酒營養豐富，具有改善血液循環的效果。多數民俗療法雖然對於疾病本身沒有療效，卻能有效培養戰勝疾病的體力。

③把蔥捲在脖子上也沒有效果！？

感冒的時候把蔥捲在脖子上也是一種民俗療法。但現在認為，這種民俗療法幾乎沒有療效。

12月

12月 4日

北海道的熊與鹿為什麼那麼大隻？

住在北極的北極熊，是體型最龐大的熊。

解決疑問！

身體越大熱量越不容易逸散，越能對抗寒冷。

這就是秘密！

身體的體積相對於表面積越大，越不容易散熱。

①維持一定體溫的動物

哺乳類無論氣溫如何，都必須維持一定的體溫，否則無法存活。所以在寒冷的地方，必須盡可能不讓身體裡製造的熱逸散到體外，讓體溫維持一定。

| 體積 | 表面積 |
| 1 | 6 |

體積	表面積
8	24
=1	3

②身體越大體溫越不容易逸散

身體越大，單位體積的表面積越小，熱量越不容易逸散。所以住在寒冷地方的熊與鹿，就演化出龐大的體型。哺乳類動物棲息在越寒冷的地方體型越大，這樣的法則稱為「柏格曼法則」。

③炎熱地方的哺乳類體型不容易變大

至於炎熱地方的哺乳類或鳥類身體較小，為了盡量散熱，耳朵與尾巴等末端的部分就變得比較大。

12月 5日

外星人存在嗎？

解決疑問！

外星人存在的可能性不是零。

 這就是秘密！

假設銀河系裡存在著外星人的行星有100個，彼此之間的距離可能有數千光年。

①可能性不是零

人類還沒有發現外星人存在的證據。但宇宙有無數的恆星與環繞恆星的行星，也很難說外星人居住的行星不存在。

②計算外星人可能存在的星體數量的公式

美國天文學家德瑞克想出了一個公式，可以計算銀河系（→P213）中，存在可能與人類接觸的外星人星體有幾個。這個公式，使用銀河系1年誕生的星體數量、具備生物誕生環境的星體數量等進行計算。

③科學家的計算結果各不相同

只不過，套用公式的數字如何選擇，將使結果完全不同。有些科學家認為可能性幾乎為零，但也有科學家認為大約有好幾千個。

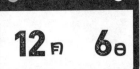

身體

打太多電動眼睛會變差嗎？

打電動的時候，偶爾也要讓眼睛休息。

❶不管打什麼電動都沒有影響

❷眼睛會變差

❸眼睛反而會變好

➡ 答案 **2**　如果一直看近的東西，眼睛就會變差。

這就是秘密！

一直看近的東西，水晶體的功能難免會惡化。

①眼睛裡有名為水晶體的透鏡

眼睛裡有名為「水晶體」的透鏡。眼睛透過調整水晶體的厚薄，改變光線的折射角度，所以我們不管近的東西還是遠的東西都能看得清楚。

②一直看近的東西眼睛會累

看近的東西時，支撐水晶體的「睫狀體」會用力收縮，讓水晶體變厚。打電動的時候，主要都在看近的東西，所以睫狀體隨時維持著收縮的狀態，眼睛就會疲勞。

③眼睛的疲勞不斷反覆，視力就會變差！？

眼睛疲勞的時候會暫時看不清楚東西，如果長時間反覆，視力就會變差。

穿上溜冰鞋為什麼能夠滑得那麼快？

解決疑問！

> 冰鞋滑過冰上形成的溝槽，就是加快速度的秘訣。

溜冰鞋的冰刀，與冰塊之間的磨擦力很小。

這就是秘密！

> 冰刀與冰塊之間形成水膜，磨擦力就會變小。

①妨礙物體移動的磨擦力

物體與物體接觸時，磨擦力會發揮作用妨礙彼此的移動。表面越光滑的物體，磨擦力越小。

②水能夠減少磨擦力

冰鞋的鞋底裝著冰刀。穿著冰鞋

冰鞋的冰刀

溜冰場的冰

兩者之間形成水膜

站在冰上時，與冰刀接觸的冰塊表面融化，在冰刀與冰塊之間形成水膜。水的作用使磨擦力變小，冰刀就更容易往前進。

③冰刀邊融化冰塊邊前進

冰刀會稍微陷進冰塊，用左腳的冰刀踢冰塊，右腳的冰刀就能邊融化冰塊邊前進。左右腳反覆這樣的動作，就能快速滑過長距離。

12 月

發熱內衣的原理是什麼？

❓ 動動腦

❶ 流汗就會變得溫暖

❷ 活動身體就會變得溫暖

❸ 注入燃料就會變得溫暖

➡ 答案 **①** 發熱內衣利用的是空氣中的水分聚集在一起變成液體時的熱。

發熱內衣巧妙地運用了從身體散發出的汗呢！

🔍 這就是秘密！

原來不是內衣本身會發熱啊。

①發熱內衣利用凝結熱

氣體變成液體，譬如水蒸氣變成水時會釋放出熱量，稱為「凝結熱」。發熱內衣利用身體散發出的汗與凝結熱來讓身體變得溫暖。

②氣體的汗變成水時釋放出熱量

發熱內衣使用的纖維，能夠有效將空氣中的水分變成水。這些纖維吸收身體表面散發出來的熱氣、汗水，變成液體狀態的水，產生凝結熱。

③熱儲存在纖維的縫隙

熱儲存在纖維之間的縫隙，讓身體變得溫暖。至於變成水的汗，則被送到布的表面附近，慢慢蒸發逸散到空氣中。

發明

詹姆士‧華生

？ 他是誰？

他發現了生物設計圖
——DNA的結構。

DNA的正式名稱是去氧核醣核酸。

原來這麼厲害！

①他研究DNA的結構

華生是出生於美國芝加哥的分子生物學家，以DNA的研究而聞名。DNA存在於生物細胞中，就像是生物的設計圖。華生剛展開研究時，就想要弄清楚DNA的結構。

②根據X光片建立DNA的模型

華生參考拍攝DNA的X光片，與共同研究者克立克一起建立了DNA雙螺旋結構的模型。

③他發現DAN呈現雙螺旋結構

這個模型相當正確，能夠說明過去所有的實驗結果。這個發現讓華生與克立克一起在1962年獲得諾貝爾生理及醫學獎。

DNA被壓縮成雙螺旋形狀進入到細胞中。

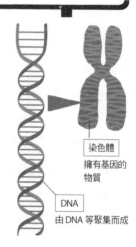

染色體
擁有基因的物質

DNA
由 DNA 等聚集而成

12月

12月 10日

該怎麼減少蘿蔔泥的辣味？

? 動動腦

❶把蘿蔔泥加熱

❷把蘿蔔泥冰鎮

❸把蘿蔔泥拿去照光

➡ 答案 **1** 加熱能讓蘿蔔泥的辣味成分變不辣

蘿蔔泥的辣度也會因為品種而改變

🔍 這就是秘密！

蘿蔔的上半部含有比較多的異硫氰酸鹽

①蘿蔔原本不會辣

蘿蔔的辣味，來自「異硫氰酸鹽」這個成分。不過剛收成的蘿蔔，異硫氰酸鹽的含量較少，所以不太會辣。

②磨成泥之後就變辣了

磨成泥是蘿蔔變辣的主要原因。蘿蔔裡面含有大量的「硫代葡萄糖苷」成分，這種成分會因為磨成泥而轉變成異硫氰酸鹽，所以辣度會增加。

③水煮或煎烤會減少辣度

異硫氰酸鹽不耐熱，所以水煮或煎烤就會變得不辣。此外，放著也會逸散到空氣中，所以磨完之後放一陣子的蘿蔔泥也比較不會辣。

12月 11日

生物

閱讀日期　　月　　日

所有的動物都會冬眠嗎？

 **動動腦**

❶所有動物都會冬眠

❷只有一部分的動物會冬眠

❸其實沒有動物會冬眠

就算熊在冬眠，也不要接近牠們喔！

➡ 答案 **2** 熊與松鼠等部分的哺乳類會冬眠

 這就是秘密！

多數冬眠的生物，都具備體溫降低也能存活的身體機制。

①有些動物到了冬天就會停止活動

冬天比春天到秋天更冷，食物也變得更少，所以有些動物到了冬天就會停止活動，減少能量的消耗。

②哺乳類停止活動的方式是冬眠

熊與松鼠等哺乳類，會把體重減到比平常輕，進入類似睡著的狀態，這就是冬眠。有些種類的動物，會在秋天儲存養分，或是在冬眠中也偶爾會起來進食。

③青蛙與蜥蜴也會減少活動

兩棲類與蟲類、昆蟲等，到了冬天體溫也會隨著氣溫下降。體溫降低時，能量的消耗也會減少，所以這些動物就躲在地底安靜過冬。

12月

12月 12日

海有多深？

這是把世界最高峰聖母峰放在海底也會看不見的深度呢！

 解決疑問！

最深的馬里亞納海溝，深度約有1萬920m。

 這就是秘密！

①海的平均深度約為3800m

海底一點也不平坦，和陸地一樣有山有谷。如果把海底變成平的，那麼平均深度大約是3800m，這個深度幾乎與富士山的高度相等。

②海底最深處在挑戰者深淵

覆蓋在地球表面的板塊（→P278）隱沒之處，更是海底特別深的地方。全世界最深的地方是挑戰者深淵，這個深淵位在馬里亞納海溝，深度約為1萬920m。

③日本附近也有深海

日本東側的日本海溝，南側的伊豆・小笠原海溝，也是全世界數一數二的深海，深度有將近1萬公尺。

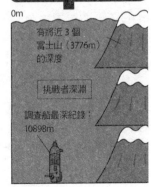

調查船曾抵達接近最深處

0m

有將近3個富士山（3776m）的深度

挑戰者深淵

調查船最深紀錄：10898m

10920m

為什麼會把事情完全忘記？

❓ 動動腦

❶因為大腦掌管記憶的部分出問題

❷因為大腦假裝想不起來

❸因為我們無法從大腦中順利抽出記憶

➡ 答案 ❸ 推測可能是因為雖然有記憶，卻無法順利抽取出來。

意思是明明記得，卻想不起來吧！

🔍 這就是秘密！

並不是記憶本身不存在，所以只要有機會就能突然想起來。

①記憶分成短期記憶與長期記憶

我們記得的事情稱為記憶。主要的記憶分成以最近發生的事情為主的短期記憶，以及從以前記到現在的長期記憶。

②重要的記憶會變成長期記憶

我們經歷的事情，首先會變成短期記憶儲存在大腦的「海馬迴」。海馬迴所整理的記憶中，只有重要的記憶會變成長期記憶，儲存在大腦的其他部分。

③無法順利抽出的記憶就會被完全遺忘？

我們在回想以前發生的事情時，會從長期記憶中搜尋需要的記憶。但長期記憶的數量龐大，有時無法順利找到，這就被認為是把事情完全忘記的原因。

12月

12月 14日

為什麼電梯向下的時候,會覺得身體輕飄飄?

解決疑問!

緊急剎車時,也會發生同樣的狀況。

因為就算電梯移動,身體還是想要留在原本的地方。

這就是秘密!

只有電梯向下移動,身體還想留在原本的地方。

①保持原本狀態的慣性定律

物體具有不受力就不會改變狀態的性質。換句話說,如果什麼都不做,靜止的物體就會保持靜止,移動的物體就會持續移動。這個現象稱為慣性定律。

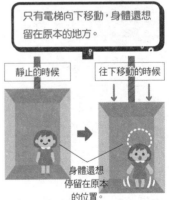

靜止的時候　　往下移動的時候

身體還想停留在原本的位置。

②身體持續停在原本的地方!?

電梯向下移動時,身體在一瞬間會有好像飄浮起來的感覺。這是因為即使電梯向下移動,身體還是想要停留在原本的地方。

③就算電梯停下來,身體還是想要繼續移動

電梯抵達下面的樓層,停下來的時候,身體會有像是被往下壓的感覺。這是因為跟著電梯往下移動的身體,還想要持續移動的關係。

磁浮列車的原理是什麼？

沒想到靠磁力前進的列車,比靠電力前進更快速⋯⋯

解決疑問!

磁浮馬達靠著磁鐵的力量浮起來前進

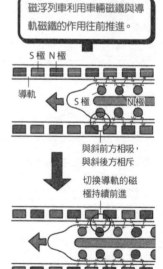

磁浮列車利用車輛磁鐵與導軌磁鐵的作用往前推進。

這就是秘密!

①磁鐵產生2種磁極

磁鐵有N極與S極,同極之間互相排斥,異極之間互相吸引。線性馬達就是利用這個性質製成的零件,而使用這個零件的交通工具就是磁浮列車。

②利用磁力浮起來前進

磁浮列車的車輛裡有磁鐵。由取代鐵路鋪設「導軌」設備中的線圈,與這個磁鐵互相吸引或排斥,讓列車浮起前進。

S極　N極

導軌

S極　　N極

與斜前方相吸,與斜後方相斥

切換導軌的磁極持續前進

③能夠以時速600km前進

上浮式的磁浮列車,不需要擔心車輪滑出軌道外,所以速度遠比有車輪的電車更快,時速能夠達到600km以上。

12月

米歇爾·梅爾

 **他是誰？**

他是全世界第一個發現在太陽系外主序星有行星的人。

最接近地球的太陽系外行星，也有約4光年遠。

 原來這麼厲害！

不過除了主序星以外，有人比梅爾更早發現其它星體。

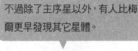

①長久以來都無法發現的太陽系外行星

科學家從以前就認為，和太陽同樣被稱為「主序星」的恆星，有些應該也和太陽一樣，周圍存在繞著它公轉的行星。但太陽系外太遠了，無法證明行星的存在。

②梅爾發現移動不自然的恆星

瑞士天文學家梅爾，與另一位天文學家奎洛茲合作，進行恆星觀測。他們兩人在觀測中發現，飛馬座51號星這顆恆星的移動呈現不自然的變化。

③根據計算發現存在著行星

兩人認為51號星的移動受到行星引力（→P85）影響，並透過計算發現51號星存在著行星，這是人類首度在太陽系外的主序星發現行星。

食物

12月 17日

為什麼小孩子不能喝酒？

畢竟大人喝太多酒也會生病。

💡 **解決疑問！**

酒精容易對小孩子的身體造成不良影響。

🔍 **這就是秘密！**

①酒精被送到腦部就會醉

酒裡面含有酒精，酒被身體吸收運送到腦部，腦的作用就會變得遲鈍。這就是喝醉的狀態。

②酒喝太多對身體不好

如果只有微醺，身心都會放鬆。但如果喝太多，大腦就無法進行正確判斷，身體也會變得不舒服。此外，持續喝大量的酒，也會讓分解酒精的肝臟生病。

③酒精容易對小孩子造成不良影響

小孩子的身體比大人小，分解酒精的能力也尚未發達，不僅容易出現不良影響，也容易生病。

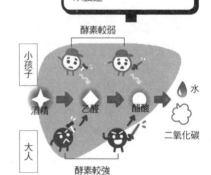

小孩子分解酒精的酵素尚未發達

酵素較弱

小孩子

酒精　→　乙醛　→　醋酸　→　水

二氧化碳

大人

酵素較強

12月

生物

簑衣蟲的裡面是什麼？

動動腦

❶蟬的幼蟲

❷蛾的幼蟲

❸金龜子的幼蟲

隨著幼蟲成長，簑衣也會越來越大。

➡ 答案 **2** 簑衣蟲裡面是「簑蛾」這種蛾的幼蟲。

活著的時候不會離開簑衣的雌蛾，並沒有翅膀喔！

①用自己的絲製成巢袋

簑衣蟲是「簑蛾」這種蛾的幼蟲，牠們為了保護自己而製作巢袋，在巢袋中成長。巢袋使用自己的絲製成，利用絲把周圍的落葉與小樹枝等接合在一起。

②幼蟲的巢袋像簑衣

幼蟲製作的巢袋，就像以前人為了避免被雨淋濕而穿在身上的簑衣，所以被稱為「簑衣蟲」。

③雌蛾一輩子都在簑衣中度過

雄性簑蛾在春夏之間變成成蟲，在外面四處飛。但多數雌性就算變成成蟲，也不會離開簑衣。雌蛾與雄蛾交配，在自己的棲息的簑衣中產卵之後，就會從簑衣中掉落死去。

12月 19日

石油到底會在什麼時候用完？

 動動腦

好像比大家想像的還要短？

❶約6年後

❷約60年後

❸約600年後

➡ 答案 **2** 不過時間可能隨著技術的進步而拉長。

 這就是秘密！

能夠從地底深處的岩盤開採石油是一大進步呢！

①50年前的說法是「還有30年」

大約50年前，大家都說石油「還有30年就會用完」。後來隨著技術進步，能夠挖到石油的場所比過去更多，所以石油預計可使用的時間逐漸拉長。

②現在據說「還有60年」

現在使用最新技術持續挖掘，據說大約60年後石油才會用完。如果技術更進步，能夠挖到石油的時間說不定會變得更長。

③石油總有一天會用完

但無論技術再怎麼進步，石油用光仍是無可避免的事情。此外，石油也對全球暖化造成影響，所以全世界都在推動再生能源的開發。

12月

12 月 20 日

胖子的小孩也容易胖嗎？

 解決疑問！

> 身高、眼睛的顏色、頭髮的顏色
> 等也經常會遺傳。

胖子的小孩可能遺傳到父母的易胖體質。

這就是秘密！

①因為遺傳而易胖

胖子的小孩容易胖，其中一項原因就是他們遺傳到父母的體型與特質。即使吃同樣的食物，有些人就是比較容易胖。這樣的體質透過遺傳，從父母傳給孩子。

②繼承不良的生活習慣

另一個理由是生活習慣。如果父母持續過著吃很多、不太運動的生活，孩子也可能養成相同的生活習慣。

③日本人容易胖！？

如果看電視，會覺得日本人比外國人不容易發胖，但據說日本擁有易胖體質的人更多。

孩子從父母繼承有關遺傳的染色體

父親　　1對染色體　　母親

1對染色體

孩子　　各繼承1條染色體

12月 21日

自然

河水不會乾涸嗎？

 動動腦

河水流入海洋,然後呢?

❶經過一定的歲月就會乾涸

❷基本上不會乾涸

❸夏天乾涸,冬天恢復

➡ 答案 **2** 地球的水會循環,一般來說不會乾涸。

這就是秘密!

從陸地到海洋,再從海洋到陸地,水總是周而復始地循環。

①河水來自降雨

多數的河水原本都是雨。下在山裡的雨流進河川,滲入地面的雨也逐漸流到河裡,變成河水,注入海洋。

②地球的水會循環

部分的河水或海水會蒸發進入空氣,而空氣中的水蒸氣,因為溫度與氣壓的變化而形成雲,最後變成雨或雪落到地面。換句話說,地球的水總是改變型態,進行循環。

③河水通常不會乾涸

12月

水會循環,所以河水通常不會乾涸。但如果因為氣候變遷而導致不降雨,或是改變地下水的流向,就有乾涸的可能性。

12月 22日

會導電的物質與不會導電的物質有什麼不一樣？

電子非常小，但能夠以電流的形式被看見。

解決疑問！

會導電的物質裡有能夠自由移動的電子。

這就是秘密！

能夠自由移動的電子數量，與導電的容易程度有關。

①原子由原子核與電子形成

物質由原子（→P312）形成，而原子則呈現帶負電的粒子「電子」與繞著帶正電的粒子「原子核」旋轉的結構。

②有些物質擁有能夠自由移動的電子

物質由無數原子結合而成，有些物質除了原子裡的電子，還擁有能夠自由移動的電子。這些電子就稱為「自由電子」。

③擁有自由電子的物質能夠導電

電的真面目是流動的自由電子。所以擁有許多自由電子的鐵與鋁等能夠導電，但沒有自由電子的紙張與玻璃等則幾乎無法導電。

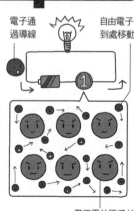

電子通過導線　　　　自由電子到處移動

帶正電的原子核

391

12月 23日

發明

心臟或胃能夠以人工的方式製造出來嗎？

 解決疑問！

雖然還沒應用在實際治療，但正在進行實證研究。

如果iPS細胞普及，因為生病而過世的人也會減少吧！

 這就是秘密！

iPS細胞的正式名稱是「誘導性多功能幹細胞」。

①能夠變成任何組織的細胞

細胞通常只能變成固定的組職。舉例來說，眼睛的細胞就只能變成眼睛。但從變成胎兒之前的胚胎取出的細胞，就能夠變成任何組織。

②使用ES細胞就能製造出失去的部分

這種細胞稱為「ES細胞」。ES細胞能夠重新製造身體失去的部分，應用在治療。但使用原本應該要成為胎兒的細胞，依然有道德問題。

③人工製造的iPS細胞

京都大學的山中伸彌，在2007年成功以人工的方式，從普通的細胞製造出作用與ES細胞相同的細胞，稱為iPS細胞。現在正持續朝著iPS細胞的實用化進行研究。

12月

column 07

重要單字

再生醫療

知道這些就能懂！
3POINT

比iPS細胞更早開發出來的ES細胞，使用的是原本應該成為人類的胚胎，因此被指出生命倫理方面的問題。

❶ **使用人類自我修復力的醫療稱為再生醫療**

❷ **使用 ES 細胞或 iPS 細胞的醫療也是一種再生醫療**

❸ **再生醫療有機會治好過去無法可治的疾病**

再生醫療就是使用由自己的細胞製造的幹細胞，培養肌肉與臟器。這麼一來就不需要等待器官移植的捐贈者了。

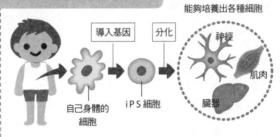

能夠培養出各種細胞

導入基因　分化

自己身體的細胞　iPS 細胞

神經
肌肉
臟器

再生醫療的研究今後也將逐漸發展吧？不需要害怕交通事故或癌症的時代或許將會來臨。

只要能夠治好原本治不好的疾病，人類的壽命說不定就會變得比任何動物都長。

吃橘子就不會感冒嗎？

 動動腦

❶會變得不容易感冒

❷任何疾病都不容易得到

❸完全沒有效果

 答案 **1** 橘子所含的維生素C對身體很好

冬天就是暖爐桌配橘子！

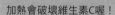 **這就是秘密！**

①橘子含有許多維生素C

橘子與柳橙等柑橘類，含有各式各樣的養分。尤其大家都知道含有許多維生素C。

②柑橘類能夠提升對感冒的抵抗力

調整體質的維生素當中，維生素C更是能夠提升對抗壓力與病毒的抵抗力。所以柑橘類對身體很好。

加熱會破壞維生素C喔！

③良好的生活習慣也很重要

但就算吃橘子，如果營養不均衡，或持續過著不規律的生活，依然會削弱身體的抵抗力。想要避免感冒不能只靠橘子，過著健康的生活也很重要。

12月

12月 25日

閱讀日期　　月　日

病毒與細菌有什麼不一樣？

💡 **解決疑問！**

病毒到底算不算生物，是個很難的問題。

細菌與病毒不管是大小，還是身體的機制都不一樣。

🔍 **這就是秘密！**

有沒有細胞是最大的差別。

①單一細胞形成的細菌

細菌的大小約為1000分之1～100分之1mm，是由單一細胞形成的單細胞生物。有些種類的細菌也對人類有幫助，譬如用來製作優格或起司的乳酸菌等。

沒有核的細胞

被蛋白質包覆的基因

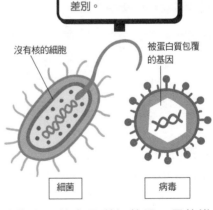

細菌　　　　　病毒

②病毒連細胞都沒有

至於病毒則遠比細菌還要小，身體的機制也遠比細菌更簡單。病毒無法靠自己的力量增加數量，只能進入其他生物的細胞內繁殖。

③細菌與病毒引發各種疾病

細菌與病毒都是造成疾病的原因。尤其病毒，可能像流感病毒或冠狀病毒那樣引發大規模的流行。

12月 26日

太陽不會西沉的地方存在嗎？

 解決疑問！

在接近北極與南極的地方，
太陽在夏季不會西沉。

永晝時期的北極圈，即使到了半夜街上也依然很熱鬧呢！

這就是秘密！

①極地特有的太陽照射角度

地球邊像陀螺一樣自轉，邊繞著太陽公轉。極地因為地球的自轉軸傾斜，擁有隨時都能照到陽光的季節。

②極地的太陽在夏季不西沉

靠近北極的地方，到了6月左右（北半球的夏季）總是面對著太陽，夜晚的天色也依然很亮。像這種太陽不西沉的現象稱為「永晝」。南極到了12月（南半球的夏季）也會變成永晝。

③太陽到了冬季整天都不會升起

相反地，北極與南極到了各自的冬天，總是照不到太陽，正中午也依然微暗。像這種太陽不升起的現象則稱為「永夜」。

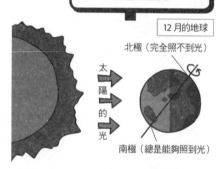
12月的南極就算地球轉一圈也一直都能照到陽光。

12月的地球

北極（完全照不到光）

太陽的光

南極（總是能夠照到光）

12月

396

12月 27日

為什麼鼻塞就吃不出味道？

❓ 動動腦

你不覺得聞起來很香的食物，吃起來更美味嗎？

❶ 因為鼻子聞到的氣味與食物的味道有關

❷ 因為嘴巴裡的空氣變得不夠

❸ 因為味道透過鼻子深處來感覺

➡ 答案 **1** 氣味也是確認食物味道的重要資訊。

🔍 這就是秘密！

味道受到氣味、外觀、口感等各種因素影響。

①味道分成5種

我們透過酸、甜、苦、鹹、鮮這5種味覺的組合來品嘗食物的味道。而這些味道，則透過舌頭上「味蕾」來感受。

②視覺與嗅覺也會影響味覺

不過，對於食物與飲料的味覺感受，也會隨著視覺與嗅覺而改變。舉例來說，即使口味相同，外觀亮眼、香氣撲鼻的食物還是會讓人覺得更美味。

③鼻塞聞不到氣味

氣味透過鼻子深處的嗅覺細胞來感受。鼻塞的時候，氣味無法抵達嗅覺細胞，而嗅覺是我們確認食物口味的其中一項重要資訊，無法辨識這項重要資訊時就會覺得少了一味。

12月 28日

人造雪與天然雪有什麼不一樣？

? 動動腦

❶主要是顏色不一樣

❷主要是形狀不一樣

❸主要是成分不一樣

大自然創造出來的藝術,似乎很難模仿呢!

➡ 答案 **2** 人造雪使用機器把水結冰製成,形狀與天然雪不一樣。

🔍 這就是秘密!

人造雪和水滴一樣呈現圓形。

①人工製成的人造雪

相對於天然雪,以人工方式製造的雪就稱為人造雪。人造雪普遍使用在冬天的滑雪場等,主要是用來補足雪的量。

②人造雪有2種

人造雪的製作方法有2種。一種是在寒冷的地方噴灑像霧一樣的水,利用低的氣溫把水結冰。另一種則是把冰敲碎。

③人造雪無法形成六角形結晶

天然雪呈現美麗的六角形結晶,但人造雪無論使用哪種方法,都不會有形狀美麗的結晶。此外,天然雪的質感雖然會受到氣候影響,但基本上都很柔軟,至於人造雪的質感整體而言比較偏硬。

12月

12月 29日

為什麼只要靠卡就能搭捷運？

小小一張卡片裡，塞滿了最尖端的技術。

 解決疑問！

卡片中的IC晶片，與機器交換資訊。

這就是秘密！

IC卡裡面的天線，在一瞬間與機器交換資訊。

①內藏IC晶片的IC卡

記錄、計算各種資訊的卡片稱為IC卡。IC卡內藏有包含了IC（積體電路）的電子零件，裡面寫進了許多資訊。

②IC卡分成接觸型與非接觸型

靠卡就能使用的IC卡屬於非接觸型。大眾運輸工具等使用的IC卡就是屬於非接觸型。

③使用天線交換資訊

非接觸型IC卡裡面裝著小型天線。把這個卡片靠近專用機器，天線與機器之間就會透過電波交換資訊，於是就能購物、搭車。

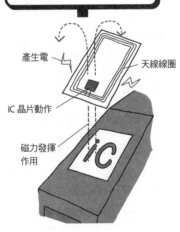

產生電

天線線圈

IC 晶片動作

磁力發揮作用

IC

399

12月 30日

吉野彰

？ 他是誰？

他想出了電子機器不可缺少的鋰離子電池。

原來這麼厲害！

國際太空站與人造衛星，也使用了鋰離子電池喔！

①他希望在企業進行研究開發

吉野彰出生於大阪府，他從京都大學畢業後，比起留在學校繼續研究，更希望到企業從事研發工作，於是進入了旭化成工業公司（現在的旭化成）。

②他想出了鋰離子電池的運作機制

可攜式電子機器的開發從1980年代開始進展，大家開始需要小型輕量的充電電池。吉野彰在這樣的趨勢下，想出了正極使用鈷酸鋰，負極使用石墨材料，安全且高性能的鋰離子電池。

③使用在各個地方的鋰離子電池

想出鋰離子電池讓吉野彰在2019年獲得諾貝爾化學獎。現在鋰離子電池已經變成手機與電腦不可或缺的零件。

食物

12月 31日

閱讀日期　　月　日

煮味噌湯的時候不能沸騰嗎？

💡 解決疑問！

即將沸騰的味噌湯是最美味的狀態。

味噌湯如果沸騰了，香氣與美味就會消失。

🔍 這就是秘密！

過度加熱會使香氣逸散、鮮味成分消失。

①味噌裡面含有酒精與鮮味成分

味噌是由「麴菌」這種菌所含的酵素分解大豆等蛋白質製成。微生物像這樣分解素材稱為「發酵」。味噌發酵的時候，會產生鮮味成分與酒精。

②沸騰會使酒精逸散

味噌的香氣成分主要來自酒精。但酒精蒸發的溫度比水低，所以如果味噌湯沸騰，香氣就會消失。

③鮮味成分也會消失

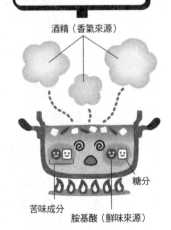

酒精（香氣來源）

糖分

苦味成分

胺基酸（鮮味來源）

此外，如果過度加熱，味噌的鮮味成分胺基酸會與糖分反應，變成苦味成分。沸騰會導致味噌湯的香氣與口味都變差，所以味噌湯最好不要煮沸。

401

食物

生物 ───────────────────────────────

宇宙・地球

❤ 身體

自然

✖ 物品的原理 ————————————————————————

💡 發明

參 考 資 料

網站
・JAMSTEC HP
・JAXA 宇宙ステーション・きぼう 広報・情報センター HP
・一般社団法人 日本植物生理学会 HP
・一般社団法人 日本発酵文化協会 HP
・国土交通省 気象庁 HP
・環境省 HP
・自然科学研究機構 国立天文台 HP
・総務省 HP

書籍
・『医療職をめざす人の 解剖学はじめの一歩』（坂井建雄 著、日本医事新報社、2013）・『学研の図鑑 LIVE 人体』（阿部和厚 監修、学研出版、2015）
・『好奇心をそだて考えるのが好きになる 科学のふしぎな話 365』
（日本科学未来館 監修、ナツメ社、2012）
・『講談社の動く図鑑 MOVE 恐竜 新訂版』（小林快次 監修、講談社、2016）
・『講談社の動く図鑑 MOVE 昆虫 新訂版』（養老孟司 監修、講談社、2018）
・『講談社の動く図鑑 MOVE 星と星座』（渡部潤一 監修、講談社、2015）
・『講談社の動く図鑑 WONDER MOVE 人体のふしぎ』（島田達生 監修、講談社、2013）・『小学館の図鑑 NEO〔新版〕魚』（井田齊 監修、小学館、2015）
・『できるまで大図鑑』（小石新八 監修、東京書籍、2011）
・『「なぜ？」に答える科学のお話 366』（長沼毅 監修、PHP 研究所、2014）
・『発想力をそだて理科が好きになる 科学のおもしろい話 365』
（ガリレオ工房 監修、ナツメ社、2017）
・『ポプラディア大図鑑 WONDA 宇宙』（青木和光 監修、ポプラ社、2013）
・『ポプラディア大図鑑 WONDA 地球』（斎藤靖二 監修、ポプラ社、2014）
・『ポプラディアプラス 人物事典』（山本博文ほか 監修、ポプラ社、2017）
・『ポプラディアプラス 世界の国々』（島津弘 監修、ポプラ社、2019）

一日一頁 圖解 生活科學

從 7 大主題認識 365 個基礎知識 的科學素養課

作者 千葉和義（監修）
譯者 林詠純
主編 呂宛霖
封面設計 羅婕云
內頁美術設計 李英娟

發行人 何飛鵬
PCH集團生活旅遊事業總經理暨社長 李淑霞
總編輯 汪雨菁
行銷企畫經理 呂妙君
行銷企劃專員 許立心

出版公司
墨刻出版股份有限公司
地址：台北市南港區昆陽街16號7樓
電話：886-2-2500-7008／傳真：886-2-2500-7796
E-mail：mook_service@hmg.com.tw
發行公司
英屬蓋曼群島商家庭傳媒股份有限公司城邦分公司
城邦讀書花園：www.cite.com.tw
劃撥：19863813／戶名：書虫股份有限公司
香港發行城邦（香港）出版集團有限公司
地址：香港灣仔駱克道193號東超商業中心1樓
電話：852-2508-6231／傳真：852-2578-9337
製版・印刷 漾格科技股份有限公司
ISBN 978-986-289-689-1・978-986-289-698-3（EPUB）
城邦書號 KJ2052 **初版** 2022年2月 **七刷** 2024年5月
定價 480元
MOOK官網 www.mook.com.tw
Facebook粉絲團
MOOK墨刻出版 www.facebook.com/travelmook
版權所有・翻印必究

國家圖書館出版品預行編目資料
一日一頁圖解生活科學：從7大主題認識365個基礎知識的科學素養課/
千葉和義監修；林詠純譯. -- 初版. -- 臺北市：墨刻出版股份有限公司出版：
英屬蓋曼群島商家庭傳媒股份有限公司城邦分公司發行, 2022.2
416面；14.8×21公分. -- (SASUGAS；52)
譯自：1NICHI 1PAGE DE MINITSUKU ILLUST DE WAKARU KAGAKU
NO KYOYO 365
ISBN 978-986-289-689-1(平裝)
1.科學 2.通俗作品
307.9   110019932